生産加工入門

古閑 伸裕・神　雅彦
竹内 貞雄・野口 裕之
松野 建一・宮澤　肇
村田 泰彦

共著

コロナ社

まえがき

　「生産加工」は，機械工学における一分野であり，機械製品を製作するための手法に関する重要な学問分野である。多くの機械製品は，「計画→設計→加工」の流れで生産される。「計画と設計」は，いかに意匠性，機能性，耐久性などに優れた機械製品を生み出すかを考える分野である。これに対し，「加工」は，いかにそれを効率よく作るかを創造する分野である。仮に，ある機械製品の設計がどんなに優れていたとしても，加工に関する裏付けがなければ，それは単に絵に描いた餅にすぎない。すなわち，優れた機械製品は，優れた加工技術を伴ってこそ，初めて生み出されるものである。その意味において，生産加工は，加工分野に携わる技術者のみならず，すべての機械技術者にとって必須の学ぶべき分野である。

　本書は，生産加工に必要なさまざまな加工機械や技術を幅広く学ぶことができるように執筆，編集された入門書である。執筆者は，各章いずれもそれぞれの分野を専門とする大学教員であり，長年の大学における研究や教育の経験を踏まえ，初学者にも容易に理解できるよう工夫し，解説している。

　したがって，大学の低学年や高等専門学校などにおける生産加工関連科目の教科書として，または企業の新人技術者の入門テキストなどとして，本書を大いに活用いただきたい。また最近では，大学などにおいて生産加工関連の科目が縮小または統合される傾向にある。生産に必要な加工技術を1冊に網羅している本書は，このような流れに対応可能な教科書でもある。

　本書は8章から構成されている。まず，1章の「ものづくりの歴史と生産加工技術の重要性」では，生産加工の歴史や重要性について述べている。2章の「機械加工」では，刃物や砥粒を用いて材料を機械的に除去する方法で製品の加工を行う切削加工や研削加工について述べている。3章の「塑性加工」で

は，大量生産の加工法として活用されている，さまざまな塑性加工技術について述べている。4章の「鋳造加工」では，溶融金属を型へ流し込み複雑形状の製品を作る鋳造加工技術について述べている。5章の「プラスチック成形加工」では，金属のつぎに需要の多いプラスチック製品を作るための加工技術について述べている。6章の「溶接加工」では，複数の部品を接合するための技術として広く用いられている溶接加工技術について述べている。7章の「高エネルギー加工」では，電気エネルギーを利用した放電加工と，レーザ光線を利用したレーザ加工について述べている。そして，8章の「その他の加工法」では，2章から7章で述べた技術以外の特殊な加工技術や，これからの技術として注目されている加工技術を紹介している。各章の最後には，理解度を確認するための演習問題がおかれている。

最後に，本書を執筆するにあたり，生産に関係するさまざまな加工分野の先輩諸氏の優れた著作物を参考にさせていただいた。ここに敬意を表する。これらの優れた著作物は，読者が各分野をより深く学習するうえでも大いに役に立つものと考えられる。そして，本書出版の機会を与えていただき，多大なご助力を賜ったコロナ社に深く感謝申し上げる。

2009年8月

執筆者一同

執筆者一覧

博士(工学)	古閑 伸裕	(日本工業大学教授)	(3章)
博士(工学)	神 雅彦	(日本工業大学准教授)	(2章)
博士(工学)	竹内 貞雄	(日本工業大学教授)	(4章, 6章)
博士(工学)	野口 裕之	(日本工業大学准教授)	(8章)
工学博士	松野 建一	(日本工業大学工業技術博物館館長, 教授)	(1章)
博士(工学)	宮澤 肇	(日本工業大学教授)	(7章)
博士(工学)	村田 泰彦	(日本工業大学教授)	(5章)

(五十音順)

(2009年9月現在)

目 次

1 ものづくりの歴史と生産加工技術の重要性

1.1 わが国のものづくりの歴史 …………………………………………………… 1
1.2 ものづくりの重要性と今後の方向 …………………………………………… 3
1.3 今後のものづくり技術者に求められるもの ………………………………… 5

2 機 械 加 工

2.1 機械加工の概要 ………………………………………………………………… 7
　2.1.1 生産加工における機械加工の位置 …………………………………… 7
　2.1.2 機械加工の発展史 ……………………………………………………… 8
2.2 切 削 加 工 …………………………………………………………………… 12
　2.2.1 切削加工理論の基礎 …………………………………………………… 12
　2.2.2 各種切削加工 …………………………………………………………… 23
　2.2.3 工具摩耗と寿命 ………………………………………………………… 36
　2.2.4 切削における振動 ……………………………………………………… 38
2.3 砥 粒 加 工 …………………………………………………………………… 41
　2.3.1 砥粒加工の様式 ………………………………………………………… 41
　2.3.2 砥粒および研削砥石 …………………………………………………… 42
　2.3.3 研削加工理論の基礎 …………………………………………………… 44
　2.3.4 各種研削加工 …………………………………………………………… 47
　2.3.5 定圧力研削・遊離砥粒加工 …………………………………………… 49
2.4 進化する機械加工技術―超音波振動切削の概論― ………………………… 50

2.5 機械加工学習の意義 …………………………………… 53
演 習 問 題 …………………………………………………… 55

3 塑 性 加 工

3.1 塑性加工の概要 ……………………………………… 56
3.1.1 塑性と塑性加工 …………………………………… 56
3.1.2 塑性加工の分類 …………………………………… 56
3.1.3 プレス機械と金型 ………………………………… 57
3.2 板・棒・管の製造 …………………………………… 61
3.2.1 圧 延 加 工 ………………………………………… 61
3.2.2 押出し加工 ………………………………………… 64
3.2.3 引抜き加工 ………………………………………… 67
3.3 製品・部品の製造 …………………………………… 70
3.3.1 せん断加工 ………………………………………… 70
3.3.2 曲 げ 加 工 ………………………………………… 78
3.3.3 深絞り加工 ………………………………………… 82
3.3.4 鍛 造 加 工 ………………………………………… 88
演 習 問 題 …………………………………………………… 91

4 鋳 造 加 工

4.1 鋳造加工の概要 ……………………………………… 92
4.2 鋳造法の分類 ………………………………………… 94
4.2.1 砂 型 鋳 造 法 ……………………………………… 94
4.2.2 ダイカスト法 ……………………………………… 95
4.2.3 特 殊 鋳 造 法 ……………………………………… 96
4.3 溶解・鋳込み ………………………………………… 98

4.3.1　溶　解　法 …………………………………………………… 98
　　4.3.2　湯口と押湯 …………………………………………………… 99
4.4　鋳鉄の分類と機械的性質 …………………………………………… 100
　　4.4.1　鋳鉄の凝固 …………………………………………………… 100
　　4.4.2　ねずみ鋳鉄の機械的特性 …………………………………… 104
　　4.4.3　球状黒鉛鋳鉄の機械的特性 ………………………………… 105
　　4.4.4　可鍛鋳鉄 ……………………………………………………… 106
4.5　非鉄金属系鋳物 ……………………………………………………… 107
演習問題 ……………………………………………………………………… 107

5　プラスチック成形加工

5.1　プラスチック成形加工の概要 ……………………………………… 108
5.2　プラスチックの種類と特性 ………………………………………… 109
　　5.2.1　熱可塑性プラスチック ……………………………………… 111
　　5.2.2　熱硬化性プラスチック ……………………………………… 116
5.3　成形加工の種類と特徴 ……………………………………………… 117
　　5.3.1　射出成形 ……………………………………………………… 119
　　5.3.2　押出成形 ……………………………………………………… 126
　　5.3.3　ブロー成形 …………………………………………………… 131
　　5.3.4　熱成形 ………………………………………………………… 133
　　5.3.5　その他の成形法 ……………………………………………… 135
演習問題 ……………………………………………………………………… 137

6　溶接加工

6.1　溶接加工の概要 ……………………………………………………… 138
6.2　溶接加工の基礎 ……………………………………………………… 139

- 6.2.1 溶接法の分類 ……………………………………………… *139*
- 6.2.2 被覆アーク溶接 ……………………………………………… *140*
- 6.2.3 アークによる発熱とその特性 …………………………… *143*
- 6.2.4 電源特性 ……………………………………………… *144*
- 6.2.5 被覆アーク溶接棒 …………………………………………… *145*

6.3 溶接加工の種類と特徴 ……………………………………… *147*
- 6.3.1 サブマージドアーク溶接 ………………………………… *147*
- 6.3.2 TIG 溶接 ……………………………………………… *148*
- 6.3.3 GMA 溶接 ……………………………………………… *150*
- 6.3.4 抵抗発熱を利用した溶接 ………………………………… *151*
- 6.3.5 その他の冶金的接合法 …………………………………… *153*

6.4 溶接組織と欠陥 ……………………………………………… *154*
- 6.4.1 凝固組織と熱影響 …………………………………………… *154*
- 6.4.2 溶接による残留応力と変形 ……………………………… *156*
- 6.4.3 溶接欠陥と溶接割れ ……………………………………… *158*
- 6.4.4 溶接欠陥の検出 …………………………………………… *160*

演習問題 ……………………………………………………………… *162*

7 高エネルギー加工

7.1 放電加工 ……………………………………………………… *163*
- 7.1.1 放電加工の概要 …………………………………………… *163*
- 7.1.2 型彫り放電加工 …………………………………………… *165*
- 7.1.3 ワイヤ放電加工 …………………………………………… *168*

7.2 レーザ加工 …………………………………………………… *171*
- 7.2.1 レーザ加工の概要 ………………………………………… *171*
- 7.2.2 穴あけ加工 ………………………………………………… *176*
- 7.2.3 切断加工 …………………………………………………… *177*
- 7.2.4 溶接・接合 ………………………………………………… *180*
- 7.2.5 表面改質 …………………………………………………… *184*
- 7.2.6 その他のレーザ加工法 …………………………………… *185*

演習問題 ……………………………………………………… 186

8 その他の加工法

8.1 粉末成形加工 ………………………………………………… 187
 8.1.1 粉末冶金 …………………………………………… 187
 8.1.2 静水圧成形 ………………………………………… 188
 8.1.3 金属粉末射出成形 ………………………………… 189
 8.1.4 ホットプレス ……………………………………… 190
 8.1.5 泥しょう鋳込み成形 ……………………………… 191
 8.1.6 ドクターブレード法 ……………………………… 192
8.2 積層造形法 …………………………………………………… 192
 8.2.1 光造形法の原理 …………………………………… 193
 8.2.2 各種積層造形法 …………………………………… 194
8.3 集束イオンビームによるマイクロ加工 …………………… 195
 8.3.1 集束イオンビーム装置 …………………………… 195
 8.3.2 マイクロ金型材料としてのダイヤモンド ……… 196
 8.3.3 集束イオンビーム装置の原理 …………………… 197
 8.3.4 加工事例 …………………………………………… 197
8.4 超音波併用プラスチック成形加工 ………………………… 199
 8.4.1 加工装置と加工原理 ……………………………… 200
 8.4.2 特徴 ………………………………………………… 201
 8.4.3 成形加工事例 ……………………………………… 201
演習問題 ……………………………………………………… 203

付録 ……………………………………………………………… 204
参考文献 ………………………………………………………… 205
演習問題解答 …………………………………………………… 207
索引 ……………………………………………………………… 210

1 ものづくりの歴史と生産加工技術の重要性

1.1 わが国のものづくりの歴史

　人類が他の動物と大きく異なって今日のように繁栄するに至ったのは，肉体的な進化だけではなく知能的進化も早かったことによるものであり，特に，火を自在に活用できるようになったこと，道具を使ってさまざまな「もの」を作り出せるようになったこと，民族移動や言語・文字を通じてさまざまな情報や知識を，他の地域や次世代へ伝達できるようになったことによるところが大きい。

　古代エジプトやメソポタミアの文明がギリシャ・ローマの繁栄を経て，欧米の文明にまでつながっていること，また古代中国の文明さらにはインド発祥の仏教がわが国にまで伝わっていることや，正倉院の御物の中にペルシャなどの遺品が含まれていることを考えても，人類の歴史，文明の歴史は，まさに情報，知識，「もの」の伝達，普及，発展の繰返しであったといえる。

　わが国における弥生時代の稲作伝播とその後の稲作・農具の普及状況，あるいは青銅器・鉄器の伝来とその後の国内製造と普及状況をみても，仏教伝来よりずっと以前から中国大陸や朝鮮半島との交流が盛んに行われ，情報，知識，「もの」，さらにそれらの「もの」を作る「ものづくり」の伝来と普及が，われわれが想像する以上に早い時期に，かなりの速度で行われたことがわかる。

　特に，銅鏡などの例からも推定できるように，各種の「ものづくり」に関する知識・技術の伝来後の吸収と国内生産への移行は，大陸や半島からの渡来人

による最新技術の指導も当然あったであろうが、今日考えても非常に早く実現しており、その後の仏教伝来以降の寺院建設、仏像・工芸品製作等に関しても、同様に早期の国内生産が実現している。

このように、わが国における「ものづくり」に関する知識・技術は新しいものを早期に吸収して着実に進歩したが、15世紀になると諸国の権力者が富国策をとり、鉱山の開発を行ったため採掘技術が進歩し、また鋳物（鋳造）や刀剣（鍛造）などの金属加工業、織物業、製紙業、製陶業などの手工業が発達し、同時期には商業と交通の発達もあったため、優れた手工業製品は諸国の特産物として知られるようになり、広く用いられるようになった。

それとともに、手工業を専業とする手工業者が現れて一つの社会的階層を形成するようになり、専門職人の工夫・改良による新技術の実用化が進むとともに、業種や地域によって一子相伝、集落の伝統技術など違いはあるものの、適切な次世代への技術継承が継続的に行われるようになった。それらのうち、今日まで順調に継承が行われてきた高度な技術による高品質製品は、各地の伝統工芸品として人気を集めている。

16世紀半ばの種子島への鉄砲伝来の際に、ただちにその技術を吸収してあまり年月を要さずに国産鉄砲をかなり量産できるようになり、また幕末の黒船来航、明治維新後の富国強兵の際に、鎖国のあいだオランダを介して学習していた文献知識、さらには欧米に派遣した使節団の吸収した実物に即した知識を基に、欧米が驚くほどの早い速度で近代産業の立ち上げが実現できたのも、このように継承された高度な技術があったからといえる。

しかしながら、明治前期の工業製品の生産は、欧米諸国から輸入した先進の生産機械を使い、また欧米諸国から招いたいわゆるお雇い外国人の懇切丁寧な技術指導を得て、手取り足取りで先進技術を吸収して製作したものであり、高性能の工業製品は依然として輸入に頼らざるをえなかった。

明治後期に入り、国内産業技術の向上を目指すための人材教育も盛んになって、その成果も徐々に現れ始め、大正・昭和初期にかけて多くの企業が「機械を作る機械」である工作機械の製造を始め、また機械技術を集結させた製品と

いえる蒸気機関車についても，輸入機関車をベースにした国産が始まった。

　しかしまだ，高精度を要する工作機械や精密測定器などについては，わが国の製品は欧米製品のコピーあるいは類似製品が多く，また品質も欧米製品に比べてかなり劣っていた。そのほかの工業製品に関しても，先進諸国へ輸出されることはあっても，品質の良さというより価格の安さがおもな理由であり，「日本製品＝安かろう悪かろう」と言われる状況のものが多かった。

　昭和に入り軍備増強の必要がうたわれ，航空機を始めとする軍需品の大増産が図られたが，日中戦争開始以降は特に金属原材料の不足，国産工作機械の精度不足，熟練技能者の不足，エネルギー不足などから，高精度で互換性のある部品の量産が難しい状況であった。したがって，引き続く太平洋戦争では，資源・エネルギーを十分に保有し，互換性のある部品・製品の大量生産に長い歴史を持つ米国にはとうていかなわず，敗戦に至ったのである。

　終戦後しばらくは，鉄道の復旧など国策として推進された事業に関連する製品を除き，わが国の製造業は日用雑貨に加え，自転車，ミシン，カメラなどの軽工業で生き残りを図っていた。しかし，朝鮮動乱勃発を機にその他の工業も息を吹き返し，また昭和30年（1955）頃から政府の各種の工業振興施策もあって，必要に応じて欧米諸国の企業と技術提携をするとともに，独自技術の開発にも努めた結果，しだいに高品質の工業製品を安価で量産できるようになり，またわが国独自の発想に基づく製品も生み出すようになり，高度経済成長を成し遂げるに至ったのである。

1.2　ものづくりの重要性と今後の方向

　わが国は資源・エネルギーの大部分を海外からの輸入に頼っている状況であるため，これまでの経済成長は，輸入した資源・エネルギーを用い，わが国が得意とする技術・技能を駆使して高品質の工業製品を安く早く作って輸出し，それで得た利益で資源・エネルギー，さらに近年は食料も輸入することで成し遂げたものであった。

ところが近年では，わが国製造業が生産拠点を海外へ移したことや，新興国の製造業が人件費の安さだけでなく，わが国の製造技術を学び，わが国から輸入した生産機械も活用することにより技術力を急速に向上させて急追してきたために，高品質の製品を安く，早く，大量に提供し，他国との競争に勝つという，これまでのわが国のパターンが崩れてきている。

しかしながら，資源・エネルギーさらには食料まで多くを海外に依存しているわが国としては，今後とも諸国との共生を図りつつ経済を維持していくための基盤が付加価値の高い広範なものづくりであることに変りはない。したがって，わが国は新興国が追い付く頃にはさらに先に進んでいる必要があり，つねに新しいアイデアに基づく高品質で信頼性・安全性の高い工業製品を生み出し，それを高度なものづくり技術を用いて適切なコストで作り，高付加価値で早く提供することを続けることが必須なのである。

わが国経済は，高度経済成長期を経た後，数回の不況時も乗り越えて，21世紀に入ってからは諸国との共生も目指しつつ全体的には着実な回復を続け，戦後最長の景気拡大を示していた。しかし，2008年後半には米国でのサブプライム問題に端を発した金融破綻がついにわが国の実体経済にまで波及して，百年に一度とも言われる世界的な不況に巻き込まれてしまった。

その結果，原油や原材料の価格は2008年前半までの高騰状態から一転して大幅な下落となった。また同時に，わが国の持続的発展をこれまで支えてきた製造業も景気後退の大波に巻き込まれて，消費財・生産財双方の製造業が同時に予想をはるかに超える売上げ・受注の減少となった。2009年に入ってからも大幅な赤字決算となる製造業が続出し，ついには非正規雇用者の大幅削減，さらには給与カット，早期退職者募集と，雇用不安が広がった。

これは大変厳しい状況ではあったが，このような未曾有のピンチをこそ逆にチャンスと捉え，厳しい現状に耐えつつ，いずれは来る上げ潮に乗れるように，ものづくり技術のイノベーションに注力すべきであるということで，国が各種の支援策を強化した。前述のように，資源・エネルギーを輸入に頼り，少子高齢化も進むわが国の経済回復とその後の持続的発展を支えるのは，特に高

付加価値のものづくりのための技術イノベーションであると考えられたからである。

　自動車，情報家電，ロボット，新エネルギー機器など，わが国経済を今後とも牽引する製造業の競争力は，鋳造，鍛造，プレス加工，粉末冶金，機械加工，プラスチック成形，溶接，金型，熱処理など中小企業が持つ基盤技術によって支えられているということから，これらの基盤技術を強化するために2006年に「中小ものづくり高度化法」が成立し，中小企業を主体とする高度なものづくりに関する研究開発への国の支援も行われている。その成果も出始めており，それらの実用化が大いに期待されているが，2009年にはこの支援策もいっそう強化された。

1.3　今後のものづくり技術者に求められるもの

　高度なものづくり技術を持続させるためには，その技術を実践できる人材や，技術向上を図れる人材を継続的に育成することが必須である。しかも，今後ものづくりに携わる技術者としては，本書の2章以下に記載されている，部品・製品の製造段階で使われる個々の技術のいくつかに精通しているだけでは十分とは言えず，それらの前後の工程で用いられる技術や競合技術についてもかなりの程度知っていることが必要である。また，工業製品の信頼性・安全性に関する知見もある程度持っていることが求められる。

　近年は地球環境保全のために温暖化ガスの排出削減も全地球的な課題となっており，製造業においても部品・製品の製造段階だけでなく，原料の採掘段階から素材製造段階，部品・製品製造段階，製品使用段階，さらに製品使用済み後の廃棄・再生処理段階までの全段階における資源・エネルギー使用量，温暖化ガス排出量に配慮をする必要が生じてきた。

　2008年より，京都議定書で約束した温室効果ガス削減目標達成のための実行期間（2008～2012年）が始まり，2008年7月の洞爺湖サミットの際には新興国も含めて「2050年までに世界の二酸化炭素の排出量を半減するという目

標を共有する」ことになった。今後，どのような具体的目標値が設定されるかは各国の利害もからむため予断を許さないが，温暖化対策は全地球規模の課題であり，わが国も産業部門，運輸部門，業務部門，家庭部門のすべての部門がそろって参加し，取り組むべきものである。

わが国の各種省エネルギー技術は世界に誇れる高いレベルであるが，不況に見舞われて，経費削減に直結する省資源・省エネルギーへの関心が高まっているようなときにこそ，さらなる高度化に向けたイノベーションに取り組むとともに，国内外への普及に努めるべきである。わが国の省エネルギー技術が世界各地で大活躍して，地球環境保全に貢献するとともに，わが国経済の早期回復とその後の持続的発展につながる可能性が十分にあると思われるからである。

したがって，これからのものづくり技術者には，工業製品の製造段階に関する広範囲で深い知識を持っているのはもちろんのこと，資源・エネルギーに関する知見，地球環境保全に関する知見など，ものづくりを取り巻く広範囲な知見もある程度持っていることが望まれるようになることは間違いないであろう。

2 機械加工

2.1 機械加工の概要

2.1.1 生産加工における機械加工の位置

　機械加工（machining）という用語は，技術用語として必ずしも明確に定義されていない．初めに確認しておく必要がある．生産加工の中で，素材の表面から不要な部分を除去することにより形状を作る加工法を切削加工と呼ぶ．この切削加工の中で，工具に刃物を用いる場合を狭義の意味での**切削加工**（metal cutting）と呼び，工具に砥粒を用いる場合を**砥粒加工**（abrasive process）と呼ぶ．切削加工と砥粒加工の例を**図 2.1** に示す．図は，円筒形状の機械部品を加工する場合の例である．本章では，これら二つの加工法を総称する広義の意味での切削加工を，狭義の意味でのそれと区別して機械加工と定義することとする．

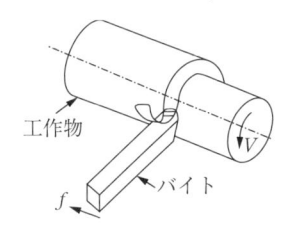

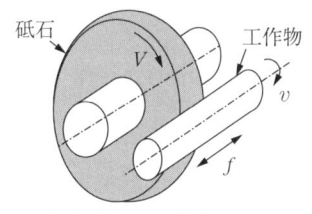

V：切削（研削）速度，v：工作物速度，f：送り

（a）切削加工（円筒外面旋削）　　（b）砥粒加工（円筒外面研削）

図 2.1　切削加工と砥粒加工の例

機械加工は，多くの場合，本書で学ぶ生産加工の各加工法の中で，3章の塑性加工や4章の鋳造加工により一次加工された素材を仕上加工する加工法として位置付けられる。機械加工の大きな特徴はつぎのようにまとめられる。

① 素材の表面から**切削工具**（cutting tool）を用いて不要部分を除去する加工法で，除去部分は**切りくず**（chip）として排出される。

② **工作機械**（machine tool），切削工具および**切削条件**（cutting conditions）との3要素の組合せにより，広い範囲の材料や加工形態に適用できる。

③ 上記3要素の組合せにより，各種生産加工法の中できわめて高い加工精度を得ることができる。

④ 上記3要素の組合せにより，単品生産から量産までに適応する。

機械加工法は，生産加工法としての歴史が長く，上記①〜④の特徴を有するため，機械製品の生産における利用頻度は非常に高い。また，最終的な製品の要求精度を達成するために必要不可欠な加工である場合が多い。すなわち，生産加工法の中でも非常に重要な位置を占めている。

一般的に，機械製品は，「企画→設計→加工」の順序で製作される。生産加工に携わる技術者は当然であるが，企画や設計に携わる技術者においても，生産加工法を知らなければ良い設計はできない。すなわち，機械加工に関する素養は，すべての機械技術者にとって必須であるといえよう。

2.1.2 機械加工の発展史

2種類の異なる物質をすり合わせると，硬いほうが柔らかいほうを削り取る。機械加工は，他の工学に比べてもきわめて単純な物理原則に基づいている。1章の「ものづくりの歴史と生産加工技術の重要性」の中でも述べられているように，あるいは小さな子供が遊びの中から自然に体験するように，人間は，ほとんど本能的にこの物理原則に基づいて機械加工を修得し，ものづくりに役立てているといえよう。

機械加工は，人類の生活を便利にするための機械の発明と両輪として発展し

てきたといえる。近代文明の基礎は，**ジェームズ・ワット**（James Watt）の蒸気機関の実用化（1776年）にさかのぼる。この蒸気機関による動力源は，18世紀半ばの産業革命の大きな原動力となった。**ウイルキンソン**（J. Wilkinson）**の中ぐり盤**（1774年）は，蒸気機関シリンダの切削を行う工作機械として，当時の最高精度である1mm以下のシリンダの製造を実現した。すなわち，機械加工技術が，実用的な蒸気機関の製造に寄与したことにより，初めて技術革新が成立した。この史実は近代機械加工の発祥であるとされている。

〔1〕**工作機械の発展史**　機械加工における達成精度の変遷を整理したのが図2.2である。近代機械加工の歴史は，ウイルキンソンの中ぐり盤から始まり，現在までおおよそ250年間である。機械加工における加工精度は，1750年代の1mmレベルから，150年間で0.01mmレベルとなり2桁ほど向上し，

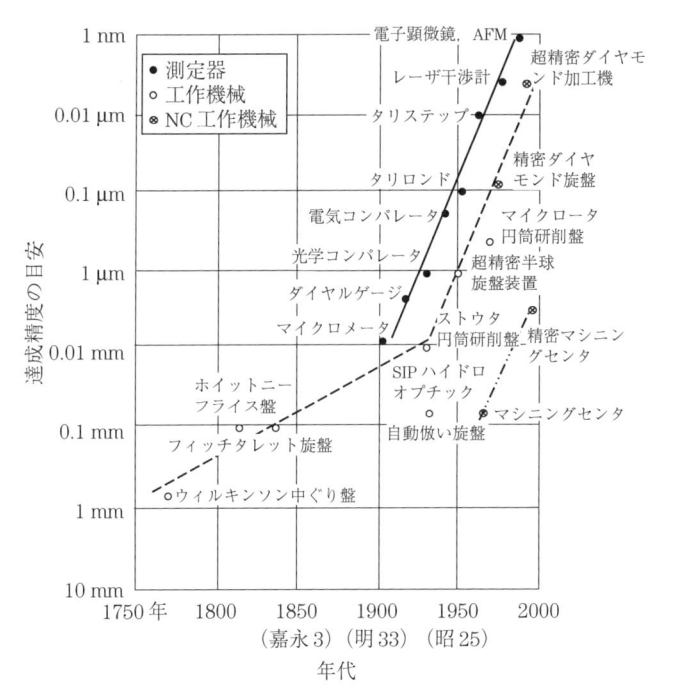

図2.2　機械加工における達成精度の変遷（日本機械学会編：機械工学便覧改訂版デザイン編（β3）「加工学・加工機器」丸善（2006）より転載）

その後の100年間でさらに4桁ほど向上し、現在では、1 nm（ナノメートル）レベルに到達している。機械加工が機械の発明を支え、機械の発明が工作機械や工具の性能をさらに向上させるといった循環である。

機械加工に対する要求は品質のみではない。早く大量に安定して機械製品を製造するという要求もある。いわゆる生産性の向上である。1900年代前後にはカム式の自動工作機械が登場し、機械製品の大量生産を支えた。図2.3は、日本工業大学工業技術博物館に登録有形文化財として動態保存されている、米国ブラウンシャープ社の**単軸自動旋盤**（1927年製）である。長尺の丸棒をセットすることで、時計などの小物部品を自動で連続的に生産することができる工作機械である。

図2.3 単軸自動旋盤（日本工業大学工業技術博物館所蔵）

図2.4 高速高精度CNC工作機械（ソディック製、日進工具（株）提供）

1952年に、米国のジョン・T・パーソンズはマサチューセッツ工科大学（MIT）で、**数値制御（NC）工作機械**（numerically controlled machine tool）を発明した。NC工作機械は、工作機械を数値情報によって制御するもので、機械加工の自動化や安定化に大きな革命をもたらした。1958年に米国のカーネイ&トレッカー社が**自動工具交換装置**（automatic tool changer、略してATC）を装備したマシニングセンタを開発した。その後、工作機械にコンピュータを搭載した**CNC**（computerized NC）**工作機械**が開発され、より複

2.1 機械加工の概要   11

雑な加工プログラムが，コンピュータ上で高速処理できるようになった。CNC 工作機械は，高い生産性，品質安定性および多様性を追及する工作機械として，現在の標準となっている。

最新の高速高精度 CNC 工作機械を図 2.4 に示す。工作機械の設計には，デザイン要素も取り入れられるようになり，最先端の機械加工現場はとてもクリーンでスマートである。

〔2〕 **切削工具の発展史**　切削工具の開発に伴う切削速度の高速化を整理したのが図 2.5 である。切削工具に必要な基本的要件は，鋭いエッジを有すること，硬くじん性[†]に富み，切削における発熱に耐えること，さらには精度に優れ経済的であることなどである。切削工具の材質の変遷は，切削速度の高速化に合せて整理することができる。焼入鋼から炭化物粉末の焼結体である**超硬**

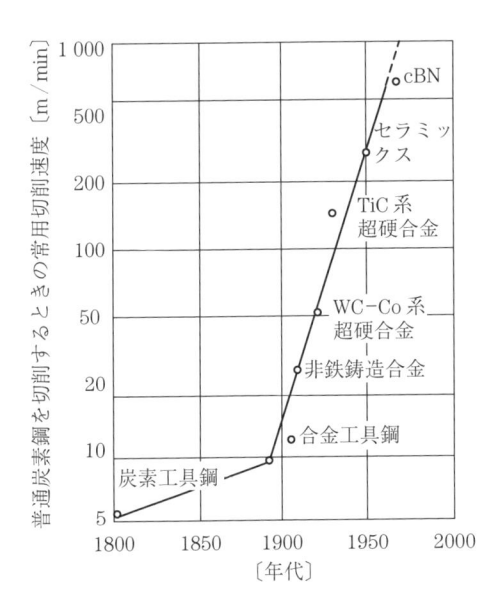

図 2.5　切削工具の開発に伴う切削速度の高速化
（鳴瀧則彦：難削材の切削加工，日刊工業新聞社（1989）より転載）

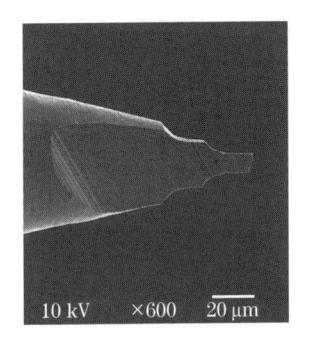

図 2.6　直径 10 μm の超微粒超硬エンドミル（日進工具(株)マイクロエッジ）

---

† じん性：toughness。物質の粘り強さ，破壊しにくさを表す用語。良い意味で延性，悪い意味で脆性という。

合金 (cemented carbide)，セラミックス，あるいは**立方晶窒化ホウ素** (cubic boron nitride，略して cBN) の順に開発され，それに伴い，実用切削速度が大きく向上してきた。

超硬合金は，1926年にドイツのクルップ社が開発した工具材料であるが，現在では，原料粉末の超々微粒化が進み（粒径 0.3μm 程度），微細直径の切削工具の製作も可能となった。1972年に米国の GE（General Electlic）社が，天然には存在しない立方晶窒化ホウ素を開発した。この材料は，地球上で最も硬いダイヤモンドに次ぐ硬さの工具として利用が広がっている。従来技術では不可能であった硬い焼入鋼が高速切削加工できるようになり，生産性向上に大きく寄与した。

最先端の工具製造技術による，直径 10μm の超微粒超硬エンドミルを**図 2.6**に示す。機械加工は，従来はビーム加工でしか成しえなかった極微細加工領域までを凌駕しようとしている。

2.2 切削加工

2.2.1 切削加工理論の基礎

〔1〕 **切削加工理論の概要**　切削加工の現象を理論的に理解しようとする研究は，1900年代の初めから英国，米国，ドイツあるいは日本などで進められてきた。これらは，切削現象を，自然科学の力学に立脚した弾性力学，塑性力学，破壊力学あるいは熱力学などの応用力学に基づいて理解しようとする研究である。

そもそも切削加工は，硬い工具で材料の表面を削り取るといったきわめて単純な加工作業である。しかしながら，切れ刃の切削部分における材料の変形と破壊の現象はかなり複雑であり，その本質を理解し，一般化して説明することはきわめて困難である。その理由はつぎのようにまとめられる。

① 切削の現象が，工具刃先のきわめて微小な領域に集中している。

② 切りくず生成にかかる材料の変形速度（ひずみ速度で $10^5 \sim 10^6 \, \text{s}^{-1}$）が

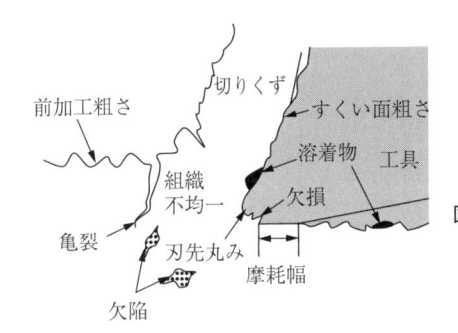

図2.7 切削加工における切削点の環境状態（津和秀夫：機械加工学，養賢堂（1973）より転載）

非常に速く，発生する応力（材料破壊値の5倍以上），摩擦係数（1に近い）および温度（1 000 ℃近く）がきわめて高い。

③ 切削点の環境条件がきわめて複雑である。図2.7に示すように，切れ刃先端には丸みや粗さや欠損があり，材料にも粗さや結晶組織のばらつきや欠陥が無視できないレベルで存在している。

それでも切削加工をできる範囲で一般化して整理しておくことは，生産性や精度向上などの技術の進展のための指針とすることができる。前述の問題点を含んでいることを理解しながら切削加工理論を修得することが重要であろう。

〔2〕 **二次元切削モデル**　基礎的な切削理論は，図2.8に示すような**二次元切削**（orthogonal cutting）に基づいている。二次元切削は，切れ刃が切削方向に対して直角である工具を用い，切削幅 b を**切込み**（depth of cut）d に対して十分に大きくとる。

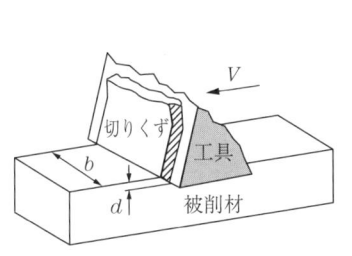

b：切削幅, d：切込み, V：切削速度

図2.8　二次元切削

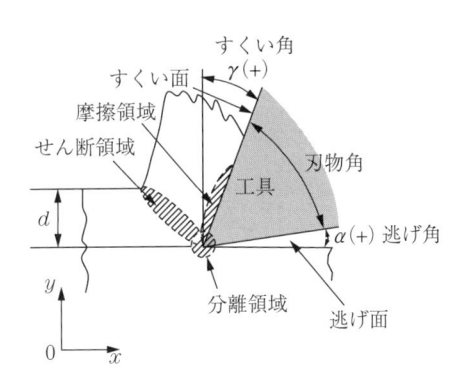

図2.9　二次元切削図と切りくず生成機構

14　2. 機 械 加 工

工作物の変形形態は，切れ刃垂直断面において同一であるとみなすことができ，図 2.9 に示すように，切削現象を二次元的に解析することができる。工具は，切りくずを押し出す面を**すくい面**（rake face）と呼び，被削材と接する面を**逃げ面**（relief face）と呼ぶ。切削方向に対して垂直な方向（y 方向）とすくい面とのなす角を**すくい角**（rake angle）γ，刃先がなす角を**刃物角**（tool angle），および切削方向（x 方向）から逃げ面とのなす角をそれぞれ**逃げ角**（relief angle）α と呼ぶ。これらの角度は，切削機構の理論解析において重要な因子となる。

被削材は，まず，工具刃先において母材と切りくずとが分離され，刃先から上斜め前方の領域において塑性変形を受ける。この領域は切削における主変形領域であり，**せん断領域**（shear zone）または第一変形領域と呼ばれる。つぎに，切りくずは，工具のすくい面上を押し上げられ，工具すくい面に沿う領域で，工具との摩擦により二次的な変形を受ける。この変形領域は，**摩擦領域**（friction zone）または第二変形領域と呼ばれる。

〔3〕 切りくず生成機構

1) **切りくずの分類**　切りくずの分類法を図 2.10 に示す。この分類法

（a）流れ型切りくず　　（b）せん断型切りくず

（c）むしり型切りくず　　（d）亀裂型切りくず

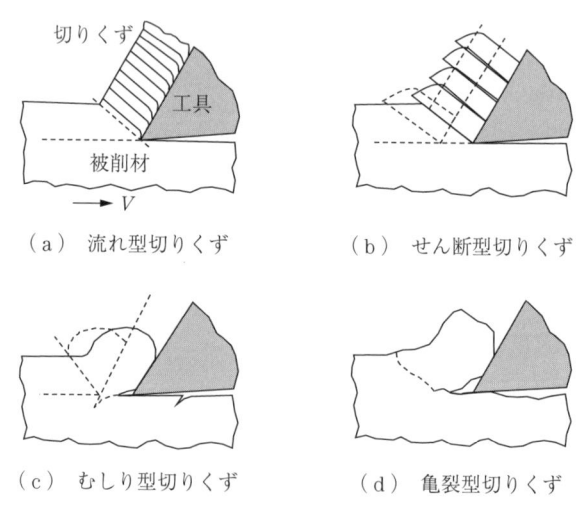

図 2.10　切りくずの分類法

は，1925 年頃に W. Rosenhain, A. C. Sturney および大越により提案されたものである．

（a） **流れ型切りくず**（flow type chip）　刃先から斜め前方に向かうせん断変形が安定して連続的に発生し，かつ切りくずがすくい面上をスムーズに流れている場合の切りくず生成形態である．切削抵抗の変動が少なく，最も良好な切削面が得られる．

（b） **せん断型切りくず**（shear type chip）　連続的なせん断変形ではなく，断続的なせん断変形による切りくず生成形態である．切削抵抗が周期的に変動し，切削面には変動ピッチの模様が形成される．

（c） **むしり型切りくず**（tear type chip）　切りくずがすくい面上をスムーズに流れていかず，工具に切りくずが堆積し，刃先前方で延性破壊を発生させながら切りくずが生成されていく形態である．延性破壊は切削面に食い込み，切削面を荒らす．延性の高い材料の切削において発生しやすい．

（d） **亀裂型切りくず**（crack type chip）　切りくずが刃先の前方で脆性的に破壊されながら生成していく形態である．亀裂は切削面に食い込むので，破砕された荒い切削面が形成される．脆性材料の切削における切りくず生成形態である．

2） **構成刃先**　流れ型切りくず生成過程において，**構成刃先**（built-up edge）と呼ばれる非常に硬い物質が，工具刃先に付着する現象が発生し，切削の弊害になる場合がある．構成刃先とは，高温高圧下にある工具刃先において，切りくずと工具との金属原子が親和力によって凝着し，凝着物がすくい面上に薄く残され，それが堆積したものを指す．堆積物は，加工硬化と層状組織になっている影響で非常に硬い．

構成刃先発生に起因する切削速度と切削面の表面粗さとの関係は，一般的に図 2.11 のようになる．極低速切削では，むしり型あるいはせん断型切りくずが発生しやすく，粗い切削面になりやすい．切削速度を増加させると，変形領域の温度上昇などの影響で，安定した流れ型切りくずとなり，表面粗さが小さくなっていく．さらに切削速度を増加させると，構成刃先が発生する速度領域

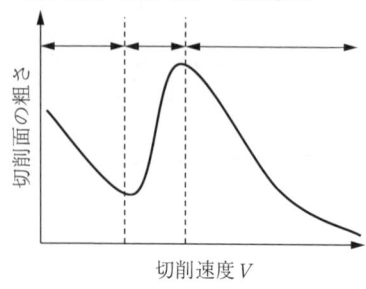

図 2.11 構成刃先発成の観点から見た切削速度と切削面の粗さとの関係（小野浩二ほか：理論切削工学，現代工学社（1986）より転載）

となる。構成刃先は，発生→成長→分裂→脱落を周期的に繰り返し，切削面には構成刃先が残存して表面粗さを増大させる。さらに切削速度を増加させていくと，切削温度がさらに上昇し，構成刃先は切りくずによって持ち去られるようになり，切削面の表面粗さが向上してくる。一般的に，切削温度が被削材の再結晶温度以上（一般的な鉄鋼材料の場合は 500 °C 前後）になると，構成刃先は消滅する。切削加工を目的の精度で経済的に実施するためには，構成刃先を回避する切削速度を選ぶことが重要である。

〔4〕 切りくず生成の力学

1）切削比とせん断角　単純化された二次元切削における切りくず生成モデルを図 2.12(a) に示す。このモデルでは，せん断変形領域を**せん断面** (shear plane) AB と仮定し，切削方向と AB 面とがなす角を**せん断角** (shear angle) ϕ と定義する。切りくず生成においては，平行四辺形 ABCD

（a）切りくず生成モデル　（b）幾何学的関係　（c）速度ベクトルの関係

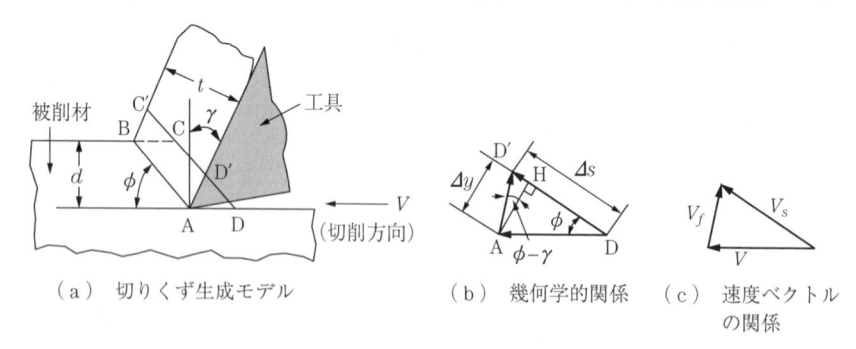

図 2.12 単純化された二次元切削における切りくず生成モデル

が平行四辺形 ABC'D' にせん断変形するものと仮定する。図(a)切りくず生成モデルにおける幾何学的な関係から，切込み d，**切りくず厚さ** (chip thickness) t，すくい角 γ およびせん断角 ϕ との相互関係は，式(2.1)のようになる。

$$\frac{d}{AB}=\sin\phi, \qquad \frac{t}{AB}=\sin\left(\frac{\pi}{2}-\phi+\gamma\right)=\cos(\phi-\gamma) \tag{2.1}$$

切りくず厚さ t と切込み d との比は，**切削比** (cutting ratio) r_c と呼ばれ，式(2.1)を利用して式(2.2)のように表される。この式をせん断角 ϕ について解くと式(2.3)が得られる。

$$r_c=\frac{d}{t}=\frac{\sin\phi}{\cos(\phi-\gamma)} \tag{2.2}$$

$$\tan\phi=\frac{(d/t)\cos\gamma}{1-(d/t)\sin\gamma}=\frac{r_c\cos\gamma}{1-r_c\sin\gamma} \tag{2.3}$$

すなわち，切削比 r_c を求めることにより，せん断角 ϕ を計算することができる。このせん断角 ϕ は，切削理論を理解するうえで重要な角度である。

切削比 r_c の求め方は，①切りくずの厚さ t を直接測定して求める方法のほかに，②式(2.4)のように，切削長さ l_w と切りくずの長さ l_c の比から求める方法，および③式(2.5)のように，切りくず長さ l_c の重量 w を測定して，重量比で求める方法などがある。このとき，ρ は密度で b は切削幅である。

$$r_c=\frac{l_c}{l_w} \tag{2.4}$$

$$r_c=\frac{d}{t}=\frac{\rho\, d\, l_w b}{w} \tag{2.5}$$

2) せん断ひずみとせん断速度 平行四辺形 ABCD が平行四辺形 ABC'D' にせん断変形するときのせん断ひずみ ε は，図2.12(b)の幾何学的関係から，式(2.6)のように表される。

$$\varepsilon=\frac{\Delta s}{\Delta y}=\frac{DD'}{AH}=\frac{DH}{AH}+\frac{HD'}{AH}=\cot\phi+\tan(\phi-\gamma)=\frac{\cos\gamma}{\sin\phi\cos(\phi-\gamma)} \tag{2.6}$$

切りくずの流出速度を V_f，せん断面におけるせん断速度 V_s とすると，図(c)の速度ベクトルの関係から，それぞれの速度は，切削比 r_c とせん断ひず

み ε を用いて式(2.7)および式(2.8)のように求めることができる。

$$V_f = \frac{\sin\phi}{\cos(\phi-\gamma)} \cdot V = r_c V \tag{2.7}$$

$$V_s = V_f \sin(\phi-\gamma) + V\cos\phi = \frac{\cos\gamma}{\cos(\phi-\gamma)} \cdot V = \varepsilon \sin\phi V \tag{2.8}$$

3） 切 削 力　工具すくい面とせん断面にかかる力の基礎的な関係を図 **2.13** に示す。切削された切りくずは，工具のすくい面上をある一定の摩擦速度で移動していくことから，この摩擦条件を満たすような摩擦力 F と垂直力 N とがすくい面に作用し，それらの合力が**切削力**（cutting force）R となる。一方，この切削力は，せん断面の変形に要する力 R' とつり合う。せん断面にかかる力 R' は，せん断力 F_s と垂直力 F_n とに分解することができる。

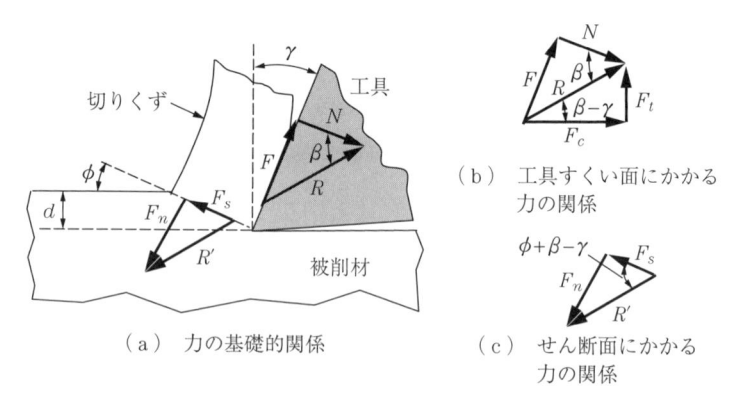

図 **2.13**　工具すくい面とせん断面にかかる力

　二次元切削実験において，工具動力計などにより直接測定できる力は，図 2.13 中の切削方向の力である**主分力**（principal force）F_c，およびそれに垂直な力である**背分力**（thrust force）F_t である。それらの F_c および F_t と，工具すくい面にかかる摩擦力 F および垂直力 N，およびせん断面にかかるせん断力 F_s および垂直力 F_n との関係を求める。それぞれの関係式は，せん断角 ϕ とすくい角 γ による座標変換より式(2.9)のように求められる。

$$\begin{aligned} F_s &= F_c \cos\phi - F_t \sin\phi \\ F_n &= F_c \sin\phi + F_t \cos\phi \\ F &= F_c \sin\gamma + F_t \cos\gamma \end{aligned} \tag{2.9}$$

$$N = F_c \cos \gamma - F_t \sin \gamma$$

このときのすくい面上での摩擦係数 μ は，摩擦角を β として，式(2.10)のように求められる．

$$\mu = \tan \beta = \frac{F}{N} = \frac{F_c \tan \gamma + F_t}{F_c - F_t \tan \gamma} \tag{2.10}$$

せん断面における平均せん断応力 τ_s，平均垂直応力 σ_s は，切込み面積を A_0 ($=db$)，せん断面積を A_s として，それぞれ式(2.11)のように求めることができる．

$$A_s = \frac{A_0}{\sin \phi} = \frac{db}{\sin \phi}$$

$$\tau_s = \frac{F_s}{A_s} = \frac{(F_c \cos \phi - F_t \sin \phi) \sin \phi}{A_0} \tag{2.11}$$

$$\sigma_s = \frac{F_n}{A_s} = \frac{(F_c \sin \phi + F_t \cos \phi) \sin \phi}{A_0}$$

工具のすくい面における平均せん断応力 τ_t，平均垂直応力 σ_t は，工具と切りくずとの接触長さを l として，式(2.12)のように求めることができる．

$$\tau_t = \frac{F}{lb} = \frac{F_c \sin \gamma + F_t \cos \gamma}{lb}$$

$$\sigma_t = \frac{N}{lb} = \frac{F_c \cos \gamma - F_t \sin \gamma}{lb} \tag{2.12}$$

これらの各式により，工具およびせん断面にかかる力と応力を求めることができる．

4） 切削仕事と比切削抵抗　　切削に必要な単位時間当りの仕事（仕事率）は主分力 F_c と切削速度 V とから，式(2.13)のように求めることができ，切削に必要な動力を求めることができる．

$$W = F_c V \tag{2.13}$$

切削における仕事は，一般的に，ほとんどがせん断面におけるせん断仕事とすくい面における摩擦仕事とに消費され，両者の比率は，ほぼ 7：3 となる．

式(2.13)から，単位切削容積当りの仕事量は，式(2.14)のように表すことができ，これは単位切削面積当りの主切削抵抗（主分力）を表し，**比切削抵抗**

(specific cutting force) と呼ばれ, 材料ごとの切削性の指標とされる。

$$\omega = \frac{F_c V}{Vbd} = \frac{F_c}{bd} \tag{2.14}$$

比切削抵抗の値は, おおよそ, アルミニウムで 600 MPa, 炭素鋼で 2.5 GPa, あるいはステンレス鋼で 3.0 GPa 程度となり, それぞれの材料の引張強さの 4〜5 倍になっている。切込みの小さな切削条件では, 刃先丸みなどの影響で, 比切削抵抗がさらに大きくなる現象が観察される。これは**寸法効果** (size effect) と呼ばれている。

〔5〕 **古典的切削理論の基礎** 切削理論は, 切削中のせん断応力 τ_s およびせん断角 ϕ と, 工具すくい角 γ および摩擦角 β との関係とを解明しようとする理論である。ただし, 一義的に決定できない係数が多く, 単純な理論式には収まりにくい。精緻な理論になるほど, 実験により求める係数が増え, 取扱いが難しくなる。

最近では, 有限要素法を用いた計算力学による切削機構の解析が研究されている。計算手法やコンピュータの能力向上に伴い, 精緻な切りくず生成現象のシミュレーションも見られるようになった。2000 年前後からは, 市販の切削用有限要素法[†]プログラムも開発され, 切りくず形状や流れ, あるいは切削面の解析に役立てられている。ここでは, 初期の二つの古典的な切削理論解析について簡単に説明する。

1) 最大せん断応力説による解析 1939 年に J. Krystof は, 最大せん断応力説の立場から, せん断面と圧縮力とのなす角が $\pi/4$ で, そのときの応力が $\sigma_s = 2\tau_s$ と仮定して, 式(2.15)の切削方程式を提案した。

$$\phi = \frac{\pi}{4} - \beta + \gamma \tag{2.15}$$

2) 最小仕事の原理による解析 1945 年に M. E. Merchant は, 材料を剛塑性体とみなし, 最小仕事の原理を適用して, 降伏せん断応力 τ_s が垂直応

[†] 有限要素法: finite element method, FEM。解析したい物体を有限の大きさの領域に分割し, 各要素に簡単な関数を与えて解析する近似解析法。

力 σ_s によらず一定であるとして，単位容積当りの仕事量が最小となる方向にせん断面が生じるとして式(2.16)の切削方程式を提案した。この式は **Merchant の第一切削方程式** と呼ばれている。

$$2\phi+\beta-\gamma=\frac{\pi}{2} \tag{2.16}$$

その後，Merchant は，せん断応力 τ_s が，内部摩擦により垂直応力 σ_s に影響を与えるものとして，式(2.16)を修正した式(2.17)に示す切削方程式を提案した。

$$\begin{aligned}\cot(2\phi+\beta-\gamma)&=K\\ 2\phi+\beta-\gamma&=\cot^{-1}K\end{aligned} \tag{2.17}$$

これは **Merchant の第二切削方程式** と呼ばれている。この式において $\cot^{-1}K=c$ とおき，c は切削定数と呼ばれている。c は $\pi/2$ よりも小さな値をとり，$c=\pi/2$ のとき $K=0$ となり第一切削方程式と一致する。その後の c に関する実験結果では，$c\fallingdotseq 77°$ とされている。

〔6〕 **切削における温度** 切削加工における仕事のほとんどは，被削材を変形して切りくずにするためのせん断仕事と，切削工具と切りくずとの摩擦仕事であることはすでに述べた。これらの仕事の大部分は熱として消費される。これを **切削熱**（cutting heat）と呼ぶ。切削熱は，切りくず，工具および被削材に伝わり，各部の温度を上昇させる。工具や被削材に伝導した切削熱は，工具摩耗，構成刃先の発生による切削面の粗さ，あるいは被削材を熱膨張させることにより寸法精度に影響を及ぼす。

1） **切削熱源と伝導** 切削における発熱と伝導との関係を図 **2.14** に示す。切削における主要な熱源は，つぎの二つである。

（a） せん断領域の塑性変形による発熱（せん断熱源）
（b） 切りくずとすくい面の摩擦による発熱（摩擦熱源）

発生した熱は，主として

（c） 空中への拡散や切削液によって持ち去られるもの
（d） 切りくず，工具および工作物に伝導するもの

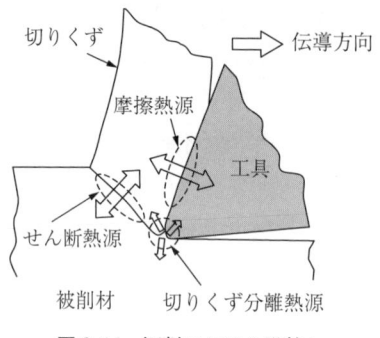

図 2.14 切削における発熱と伝導との関係

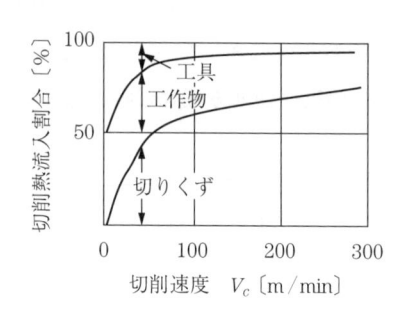

図 2.15 切削速度と切削熱の流入割合との関係

に分けられる。

切削速度と切削熱の流入割合との関係を**図 2.15**に示す。この関係は，切削速度が低速の場合は，被削材と工具への熱の流入割合が多く，切削速度が高速になると，切りくずへの流入割合が増加し，全体の 80 % 以上になることがわかる。高速切削によっても，切削温度がそれほど上昇しない理由はここにある。**切削温度**（cutting temperature）とは，熱の発生量と放散量とが一致して熱的平衡が保たれた状態の温度を指す。切削温度に最も大きく影響するのは切削速度である。特に，切削速度，切削温度および工具摩耗とは非常に密接な関係にある。

2）　工具すくい面の温度分布　　工具摩耗を詳細に解析するためには，せん断面や工具すくい面における平均切削温度だけでなく，特に，工具すくい面での温度分布を知る必要がある。切削温度分布は，熱電対を工具に挿入する方法や赤外線などの放射温度計による方法により調べることができる。放射温度計により測定した切削部側面の温度分布を**図 2.16**に示す。

すくい面の温度分布のピークは，工具の刃先よりも後方の切りくずがすくい面から離れるあたりにあることが知られている。温度分布の最大値は，切削条件によっては 1 000 ℃ にも達するとされている。すくい面の温度分布は，工具のすくい面摩耗形態と密接な関係がある。

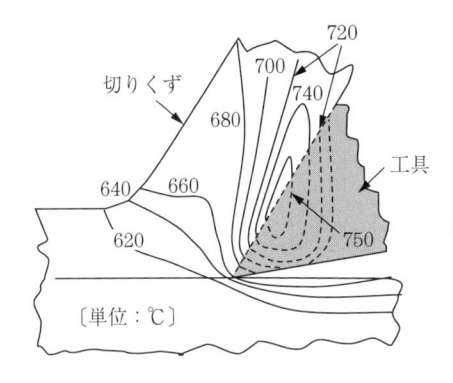

図 2.16 放射温度計により測定した切削部側面の温度分布（小野浩二ほか：理論切削工学，現代工学社（1986）より転載）

2.2.2 各種切削加工

〔1〕 **切削加工における形状創成様式**　切削加工では，工作機械を用いて，工具と工作物とを相対運動させて切りくずを生成しながら目標の形状を形成していく。切削加工における形状創成の原理について考えてみる。

工具を点要素と考えると，点要素が運動することにより線要素が形成される。この線要素が線の向きと直角方向に移動することによって面要素が形成される。点要素の運動と線要素の移動には，直線，円および各種曲線がある。点要素の運動と線要素の移動の組合せによる切削面の形成例を**図 2.17**に示す。

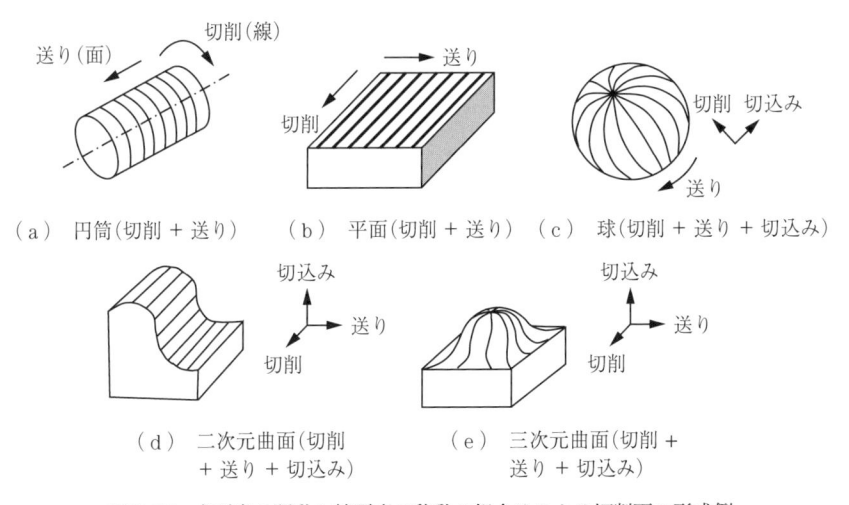

(a) 円筒(切削 + 送り)　　(b) 平面(切削 + 送り)　　(c) 球(切削 + 送り + 切込み)

(d) 二次元曲面(切削 + 送り + 切込み)　　(e) 三次元曲面(切削 + 送り + 切込み)

図 2.17　点要素の運動と線要素の移動の組合せによる切削面の形成例

切削加工においては，点要素から線要素を作る運動を**切削運動**（主運動）(cutting motion) と呼び，線要素から面要素を作る移動を**送り運動**（feed motion）と呼び，加工表面に垂直方向の運動を**切込み運動**（depth of cut motion）と呼んでいる。切削機構の解析に用いた二次元切削や初めから線要素を構成している総形工具と呼ばれる工具では，切削運動と切込み運動のみで切削面が形成される。

実際の切削加工においては，各種形状の切削面を形成するために，最も合理的な工作機械，工具および相対運動の様式が選定される。

〔2〕 バイトによる加工

1）バイト　バイト（single point tool）による典型的な加工方法を図 2.18 に示す。バイトは，切削工具の中で最も歴史が古く，かつ汎用性が高い工具である。単一の切れ刃を持つ工具であり，切削 V，送り f および切込み d の各運動により，連続的に切りくずを生成して切削する工具である。

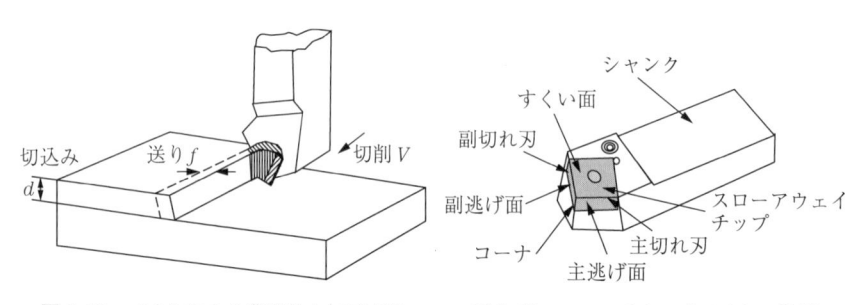

図 2.18　バイトによる典型的な加工方法　　図 2.19　スローアウェイバイトの外観

バイトの中で最も多く利用される**スローアウェイバイト**（throw away turning tool）の外観を図 2.19 に示す。ボデーとなるシャンクの先端に四角，三角あるいは菱形などの各種形状のスローアウェイ（使い捨て型）チップが，クランプなどの方法で固定している構造である。チップは，すくい面，バイトの進行方向に向ける主切れ刃と主逃げ面，切込み方向に向ける副切れ刃と副逃げ面，および両切れ刃をつなぐコーナとで構成される。

バイトの各切れ刃角度を図 2.20 に示す。この角度表示法はシャンクを基準

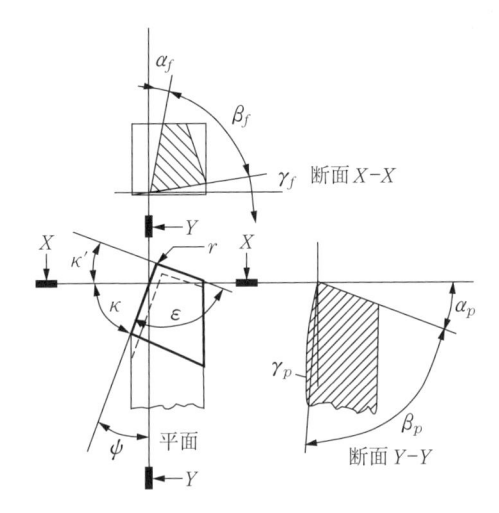

図2.20 バイトの各切れ刃角度

にした**工具系基準方式**(tool-in-hand system)である。シャンク長手方向断面(Y-Y)の**バックレーキ**(back rake,すくい角)γ_p,バック逃げ角α_p,直角方向断面(X-X)のサイドすくい角γ_f,サイド逃げ角α_f,およびアプローチ角ψ,副切込み角κ',およびコーナ半径rが規定されている。

バイト加工では,連続型の切削方式になるため,流れ型切りくずの場合,切りくずが連続して生成される。長く連続した切りくずは,被削材やバイトなどに絡みつき,製品や工具に損傷を与える,切削熱がこもる,あるいは作業者に危険を及ぼすなど加工上のトラブルの原因となる。スローアウェイチップには,通常,**チップブレーカ**と呼ばれる溝が形成されており,切りくずのカールを小さくすることにより,切りくずを適度に分割する工夫がとられている。

2) 切削面の性状

(a) **表面粗さ** 切削面の立体的な凹凸は**粗さ**(roughness)と呼ばれ,部品としての外観,しゅう動性,摩耗,密封,寸法精度あるいは光学特性などに影響を与える。バイト加工による送り方向の切削面の粗さは,送りと工具の刃先形状とにより,**最大高さ**R_zを幾何学的に求めることができる。この最大高さは**理論粗さ**または**幾何学的粗さ**と呼ばれ,工具と送りの条件を決める際の参考にされる。最も一般的な切削方式である,バイトのコーナ半径のみが切削

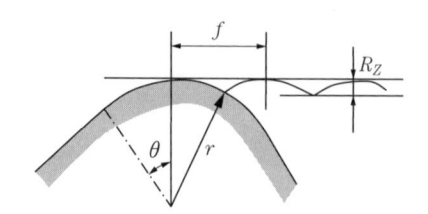

図2.21 バイトのコーナ半径のみが切削面に転写される場合の送り方向の仕上面粗さの形状

面に転写される場合の送り方向の仕上面粗さの形状を図2.21に示し，理論粗さを求める式を式(2.18)に示す．

$$R_z = r(1-\cos\theta) = r\left\{1-\sqrt{1-\left(\frac{f}{2r}\right)^2}\right\} \fallingdotseq \frac{f^2}{8r} \qquad (2.18)$$

一方，切削方向の理論粗さはゼロになる．しかしながら，実際の切削では，送り方向の切削面粗さも含めて，構成刃先，工具と工作物との相対振動によるびびり，工作機械のがた，あるいは工具の摩耗などにより変動する．

（b） **加工変質層** 切削加工による表面および表層部は，切削前と異なった性質を持ち，この層を**加工変質層**と呼んでいる．加工変質層は，外的な元素の作用による変質，材料の結晶組織の変質，および残留応力やひずみなどに大別される．

特に問題になる現象はつぎのようなものである．

① 表層での酸化物の生成は，変色や硬さの変化をもたらす．砥粒などの表層への異物の埋め込みは，部品のしゅう動性の低下などをもたらす．

② 切りくず生成に伴う材料の塑性変形は，図2.22に示すように，表層部の結晶組織を微細化し集合組織を形成し，表層が加工硬化する．一方，切削温度は材料の焼入れや焼戻しの作用をもたらし，表層の硬度や結晶組織

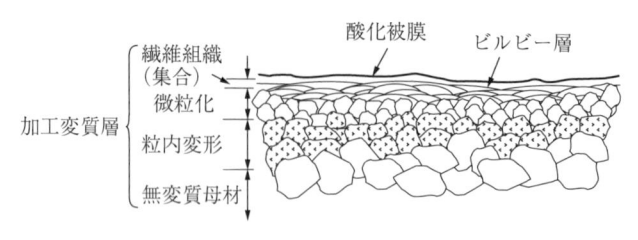

図2.22 加工変質層

を変化させる。

③ 切削熱による材料の体積変化や塑性変形による応力の乱れや塑性ひずみの残留は,製品の変形,経年変化,表層の割れの発生などの不具合をもたらす。

図 2.23 は,切削面の表層からの深さと残留応力との関係の一例である。残留応力は表層から 0.3 mm 程度まで及んでおり,極表層では引張応力が,深いところでは圧縮応力が生じている。

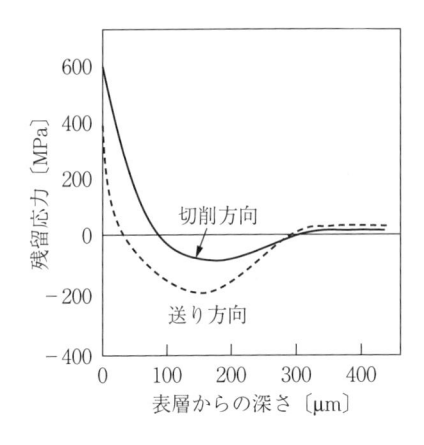

図 2.23 切削面の表層からの深さと残留応力との関係の一例(S 45 C,V : 45 m/min,d : 2.5 mm)

3) 円筒加工 円筒加工(cylindrical cutting)の形態を図 2.24 に示す。円筒加工は,工作機械に**旋盤**(lathe)を用いて,円筒形状の部品を加工するための代表的な加工法である。工作物はチャックなどを介して旋盤の主軸に固定され回転させる。回転の周速度が切削運動となり,刃物台に取り付けら

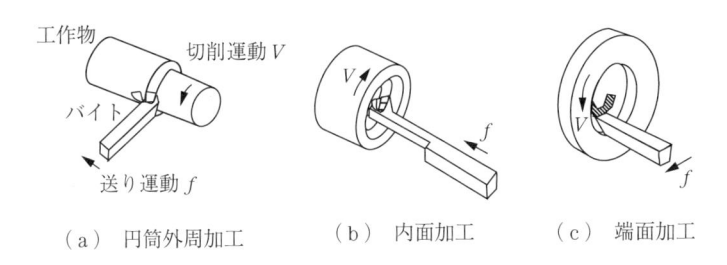

(a) 円筒外周加工　　(b) 内面加工　　(c) 端面加工

図 2.24 円筒加工の形態

れたバイトに切込みと送りを与え形状を創成していく。図(a)は円筒外周加工であり，(b)は内面加工，および(c)は端面加工の形態を示している。

最近では，円筒加工は，CNC旋盤に工具交換機能（ATC）を装備した，**図2.25**に示すような，**ターニングセンタ**（turning center）により，標準化されたスローアウェイバイトを用いて，自動加工する方式が主流になっている。ターニングセンタには，後述するフライス工具やドリルなどの回転工具をも取り付けることが可能であり，バイト加工とフライス加工あるいはドリル加工との，複合加工用の工作機械として位置付けられている。

図2.25　ターニングセンタの例
（森精機(株)製，長野県工科短期大学校提供）

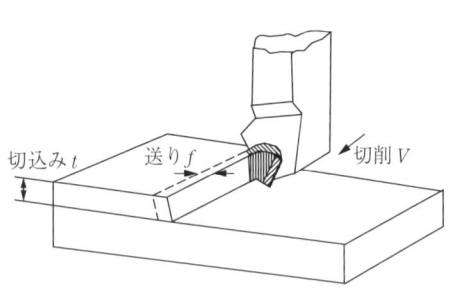

図2.26　平　面　加　工

4）平面加工　　**平面加工**（planing）は，図2.26に示すように，平削り盤や形削り盤を用いて，バイトを前後に往復直線運動させながら，平面を創成していく加工法である。回転運動が切削運動となり，連続的に切りくずを生成していく旋盤加工と違い，バイトの往復運動が切削運動となっているため，加工効率は低い。そのため，生産性が要求される平面の加工には，後述するフライス加工による方法が主流になっている。

バイトによる平面加工の特徴は，加工精度が高い点である。最近では，非常に運動精度が高い超精密工作機械を用いて，単結晶ダイヤモンドバイトによる液晶モニタなどに利用される導光板金型の超精密切削などに利用されている。

この加工は，広い面積のニッケル合金板などに対して，高さが数十 μm の階段状溝を全面に鏡面を維持しながら形成する加工である。

〔3〕 **フライスによる加工**

1）フライス加工とフライス フライス（milling cutter）による加工例を図 2.27 に示す。フライスは，円形形状の工具の外周や端面に複数の刃先を持つ工具であり，回転させて利用する。工具の回転運動 V が，切削運動を受け持ち，工具の軸方向運動（z 方向）が切込み d を，前後左右の運動（x および y 方向）が送り運動 f となる。図（a）は正面フライスによる平面加工であり，広い平面を能率的に切削することができる。図（b），（c）はエンドミルによる溝加工と曲面加工であり，細かい溝や自由曲面を能率的に加工することができる。

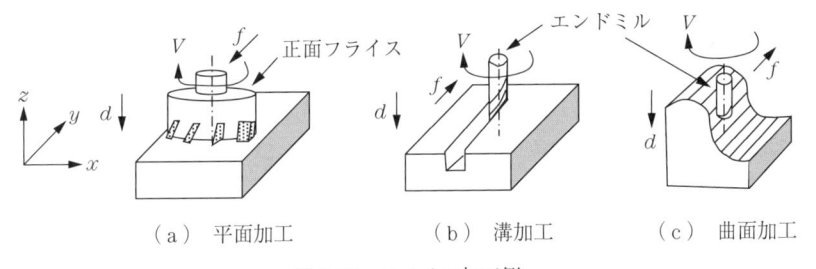

（a）平面加工　　（b）溝加工　　（c）曲面加工

図 2.27　フライス加工例

フライス加工の特徴は，つぎのようになる。

① 切削が刃先数により分割されるため，切削抵抗，切削熱あるいは工具摩耗が少ない。
② 刃先ごとの断続切削であるため，切りくず形状がそろい，処理が容易である。
③ 工具形状が複雑であるため，工具コストが高い。
④ 断続切削であるため，振動が発生しやすい。

図 2.28 に **正面フライス**（face milling cutter）の形状を示す。工具のボデーの直径は用途に応じてさまざまであり，バイトの場合と同様にスローアウェイチップによる方式が主流である。フライスの各刃先の角度は，回転軸を基準に

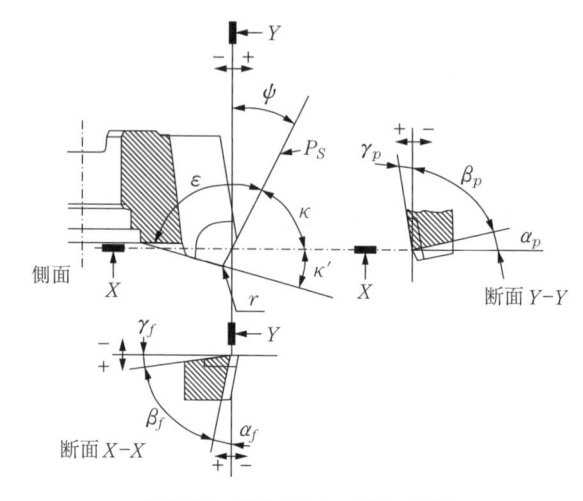

図 2.28 正面フライス工具の形状

した工具系基準方式において，**アキシャルレーキ**（axial rake）γ_p，底刃逃げ角 α_p，**ラジアルレーキ**（radial rake）γ_f，サイド逃げ角 α_f，アプローチ角 ψ，切込み角 κ，副切込み角 κ' およびコーナ半径 r が定義されている。

図 2.29 は，**エンドミル**（end mill）であり，工具の外周および底部に刃先が形成されており，両方での切削が可能である。先端形状には，図に示した先端が直角なスクエアエンドミルのほかに，先端が球形状のボールエンドミルや丸コーナを持つラジアスエンドミルなどもあり，加工形状に応じて使い分けられる。

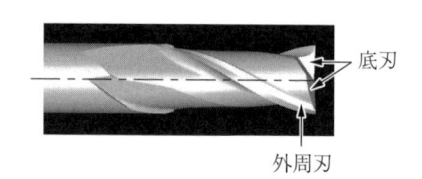

図 2.29 スクエアエンドミル

エンドミルは，フライスの中で最も汎用性の高い工具であるといえる。前述の円筒加工の場合と同様に，CNC フライス盤に ATC を搭載したマシニングセンタによるエンドミル加工法は，さまざまな複雑形状の加工を数種類のエン

ドミルを工具交換しながら，能率良く自動加工することができる。

2) フライスの切削機構　フライスの回転方向と送り方向との関係を図 2.30 に示す。図(a)はフライスの回転方向 n と被削材の送り方向 f とが逆の場合であり，切りくずの生成は，切込みが小さい方向から切削がなされる。この切削方式を**上向き削り**（up-milling）と呼ぶ。上向き削りでは，刃先は初めに被削材を上すべりしながら切削されるため，一般的に，切削面の仕上げは良好になるが，工具摩耗が激しくなる。一方，図(b)はそれとは逆の作用であり，**下向き削り**（down-milling）と呼ばれる。

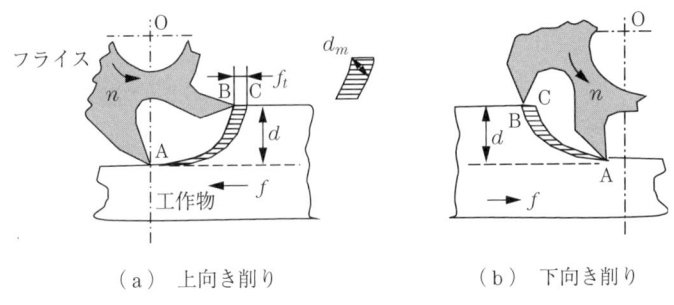

（a）上向き削り　　　　　（b）下向き削り

図2.30　フライスの回転方向と送り方向との関係

フライス一刃当りの切削量は，フライスの回転数 n 〔min^{-1}〕と送り f 〔mm/min〕との関係から，刃先はトロコイド曲線を描き，一刃が切削する部分は ABC で囲まれた箇所となる。

f_t〔mm〕は一刃当りの送りと呼ばれ，この距離がフライス加工における切削条件を決めるうえで重要である。一刃当りの送り f_t は，フライスの刃数を Z とすると式(2.19)のように表すことができる。

$$f_t = \frac{f}{Zn} \tag{2.19}$$

フライス一刃当りの最大切込み d_m は，切込みを d とし，フライスの直径を D とすると，式(2.20)により求めることができる。

$$d_m = 2 f_t \sqrt{\frac{d}{D}\left(1 - \frac{d}{D}\right)} \tag{2.20}$$

式(2.19)および式(2.20)より，同じ切削条件の場合，刃数が多く直径が大き

いフライスを利用するほど、一刃当りの切取り厚さが減少することがわかる。

フライス加工における切削面の粗さは、切れ刃一刃当りの送りにより形成される曲線群から、円筒加工の場合と同様に考えることができ、式(2.21)により近似計算することができる。

$$R_z \fallingdotseq \frac{f_t^2}{4D} \tag{2.21}$$

〔4〕**穴加工** 穴加工は、回転工具を回転させて被削材に押し込みながら穴を形成する加工法である。工具の回転運動が切削運動 V を受け持ち、工具の軸方向（z 方向）に送り運動 f を与え、穴を深くしていく。加工穴の直径は工具サイズによって決まる。各種の穴加工方法と工具を図 2.31 に示す。

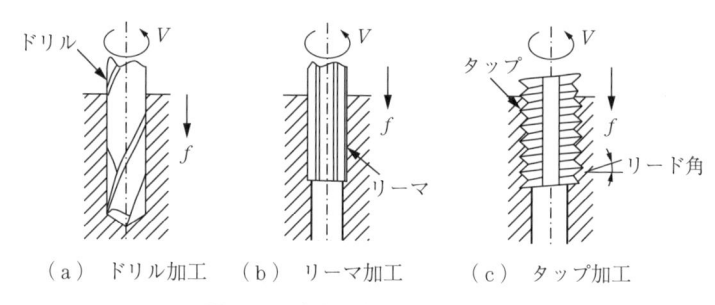

(a) ドリル加工　　(b) リーマ加工　　(c) タップ加工

図 2.31　各種の穴加工方法と工具

図(a) は、ドリルによる**穴あけ**（drilling、ドリル加工）であり、工具先端の刃先により切削し、切りくずは工具の外周のねじれ溝を通って、送り方向と反対方向に排出される。図(b) は**リーマ加工**（reaming）と呼ばれ、ドリルにより加工された穴を先端から外周にかけた複数の刃先で薄く切削して、穴加工精度を高めるための加工である。図(c) は**タップ加工**（tapping）であり、ドリルにより加工された下穴にねじ溝を形成する加工である。送り f は自由に選択することができず、加工するねじのリードと一致させて加工する。

ドリルの工具形状を図 2.32 に示す。ドリル先端は 118° 前後の円錐形状をしており、2枚の切れ刃を有する。ボデー部には、切りくずを排出するためのねじれ角 25° 前後のねじれ溝と加工穴の内壁に沿ってドリルをガイドするランドが設置されている。

2.2 切削加工　　33

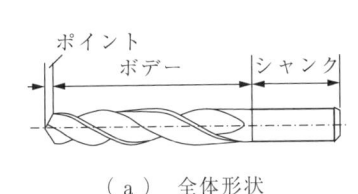

（a）全体形状　　　　（b）先端（刃先）形状

図2.32　ドリルの工具形状

　ドリルの切削作用を図2.33に示す。図(a)はドリル切れ刃各部の断面形状と切りくず生成状態である。すくい角（バックレーキ）は外周側で大きく，先端側で小さくなる。中心の切れ刃は，チゼルエッジと呼ばれ，すくい角は大きな負角となっており，切削性はきわめて悪い。図(b)には，ドリルに加わる切削抵抗を示す。ドリルには，回転方向の切削トルクと軸方向の推力（スラスト力）とが加わる。切削トルクは，二次元切削における主分力に，推力は背分力に相当することになる。

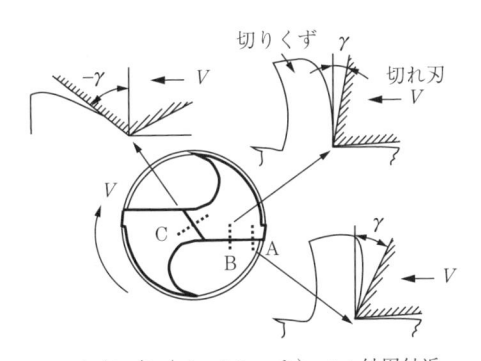

γ：すくい角（バックレーキ）　A：外周付近
切れ刃　B：中間　C：チゼルエッジ

（a）切れ刃各部の断面形状と
　　　切りくず生成状態

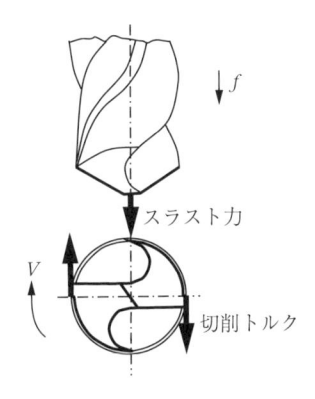

（b）ドリルに加わる切削抵抗

図2.33　ドリルの切削作用

〔5〕**工具材質**　　切削工具は，切りくずを生成するための工具であり，切削加工において重要な役割を担う。切りくず生成に当り，工具の刃先からす

くい面においては，きわめて高い応力，摩擦力および温度の環境下にあり，さらに化学反応性の強い素材新生面と接触している。切削工具に備わるべき特性は，① 切削温度下で硬さが工作物より高いこと，② 刃先の形状精度や表面精度が高いこと，③ 耐摩耗性が高いこと，④ 耐欠損性が高いこと，⑤ 経済的であること，などである。

切削工具のじん性と硬さとの一般的な関係を図 2.34 に示す。じん性と硬さとの関係は反比例の関係であり，両方を満足する工具は存在しない。切削工具材料は，この特性を中心に，さらに被削材との化学反応性や経済性などを考慮して選定される。おもな工具材料の特徴を以下に述べる。

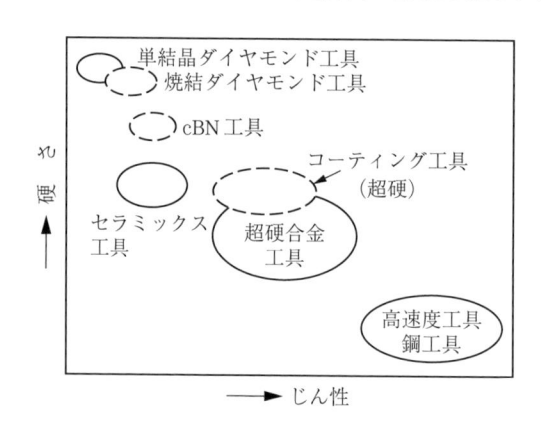

図 2.34 切削工具のじん性と硬さとの一般的な関係

（a） **高速度工具鋼**（high speed steel） 0.8～1.6％の炭素（C）を含む鉄鋼をベースに，クロム（Cr），モリブデン（Mo），タングステン（W），バナジウム（V）およびコバルト（Co）が添加された材料である。高温の焼入れ焼戻しにより炭化物を固溶させ，高温下において高い硬度，耐摩耗性およびじん性が得られる。室温での硬さは 800 HV 程度である。金属切削用の工具材料の中で最も歴史が古く，低コストで汎用的である。バイト，ドリル，エンドミル，タップ，および各種の総形工具に広く用いられる。JIS（日本工業規格）記号では，SKH 9，SKH 54 などと表記される。

（b） **超硬合金**（sintered carbide） 炭化タングステン（WC），炭化チタン（TiC），炭化タンタル（TaC）などの炭化物の微粉末を，Co を結合剤と

してプレス成形し，1 400 ℃前後で焼結した合金である．原型であるWC-Coの一元系，WC-TiC-Coの二元系およびWC-TiC-TaC-Coの三元系の合金が開発されており，微粉末の粒径も最小0.3 μmまでのものが開発されており，硬さやじん性のコントロールが可能であり，汎用性が高い．室温硬さは1 600 HV程度である．スローアウェイバイトやエンドミルの切削チップ，小径のエンドミル，ドリルなどに広く用いられている．JISでは，利用用途によってP系（連続加工用），M系（中間用）およびK系（断続加工用）に分類されている．

（ｃ） **コーティング工具**（coated tool）　高速度工具鋼や超硬合金に耐摩耗性や耐酸化性に優れた厚さ数 μmの硬質膜をコーティングした工具であり，表面の硬さと母材のじん性とを両立させることを目的としている．実用されているコーティング膜には，おもに鉄鋼材料用としてTiN（窒化チタン），TiCN（炭化/窒化チタン），TiAlN（窒化チタン/アルミニウム），銅系材料用としてCrN（窒化クロム），アルミニウム材料用としてDLC（ダイヤモンドライクカーボン）などがあり，これらの組合せによる複層膜で用いられることが多い．製膜法はPVD（物理的蒸着法）やCVD（気相合成法）などが用いられる．

（ｄ） **セラミックス**（ceramics）　高純度のAl_2O_3（酸化アルミニウム），Al_2O_3とTiCとの混合物，あるいはSi_3N_4（窒化ケイ素）などを主成分とし，成形して1 800 ℃程度で焼結した材料である．高温での硬さおよび化学的安定性が良く，高速切削用途に向いている．室温硬さは2 000 HV程度である．

（ｅ） **立方晶窒化ホウ素焼結体**　cBN（cubic boron nitride）微粒子を高温高圧合成により製作し，成形して，CoやTiNなどを結合剤として焼結した材料である．cBN微粒子径は最小3 μm程度であり，粒子径，cBNと結合剤との割合などを変化させることにより，硬さやじん性，耐摩耗性を変化させることができる．ダイヤモンドに次ぐ硬さと耐熱性を有し，焼入れされた鉄鋼材料や高硬度鋳鉄の超高速切削を可能とする．室温硬さは4 500 HV程度である．

（ｆ） **ダイヤモンド**（diamond）　高温高圧法で製作された人工単結晶ダ

イヤモンドは，バイトのチップなどに加工され，アルミニウム，銅合金，超硬合金などの非鉄系材料の超精密切削用途に利用される。カーボンが鉄に拡散されやすいため，鉄系合金の高温切削温度下での切削には向かない。同じく高温高圧法で製作されたダイヤモンド微粒子は，Co を結合剤として成形，焼結されて，焼結ダイヤモンド工具としても利用される。アルミニウム合金などの高速切削用途などに利用されている。両者のダイヤモンド工具は高価でじん性に劣るので，使用に当っては，経済性や工作機械の精度などを十分に吟味しなければならない。室温硬さは 8 000 HV 以上である。

2.2.3 工具摩耗と寿命

〔1〕 **工具の摩耗形態**　切削工具の典型的な損傷形態を図 2.35 に示す。工具は切削により，つぎのような損傷を受ける。

① 切れ刃コーナのチッピング（微小な欠け）。
② 工具逃げ面，コーナおよびすくい面のすり減りによるすきとり摩耗。
③ 工具の突発的な欠損。
④ 工具の完全鈍化。

①，②は，工具を使用する過程において発生する避けることのできない損傷であり，通常，これらの損傷を適切に管理することにより，加工精度と生産性が管理される。③，④ は工具が完全に寿命に至った状態である。

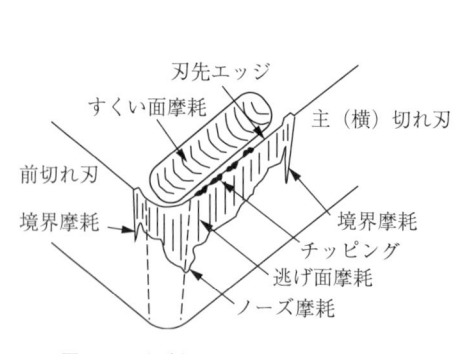

図 2.35　切削工具の典型的な損傷形態

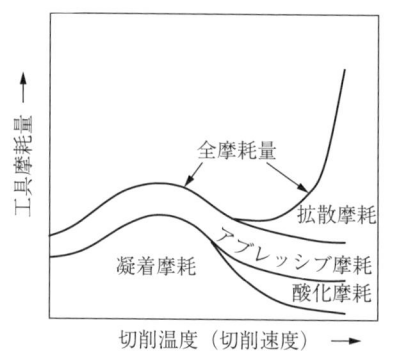

図 2.36　切削速度と摩耗要因との関係

切削速度と摩耗要因との関係を**図 2.36** に示す。摩耗の要因は大きく四つに分類される。

（a）**凝着摩耗**（adhesive wear）　低速の構成刃先が発生する切削速度域で支配的で，刃先に構成刃先が発生し，構成刃先の脱落とともに工具が剝離される摩耗形態である。

（b）**アブレッシブ摩耗**（abrasive wear）　化学的反応を伴わない機械的なすり減り摩耗であり，切削速度に比例する。

（c）**拡散摩耗**（diffusive wear）　高速の切削温度が高い領域で支配的で，被削材の成分が工具に拡散するか，その逆の現象が発生し，工具が切りくずに持ち去られる摩耗形態である。

（d）**酸化摩耗**（oxidized wear）　工具素材が高温高圧下で空気中の酸素と結合し，酸化して脆くなり摩耗が促進される現象である。

〔2〕**工具寿命の判定**　工具の完全な寿命は，摩耗が進行して機械的強度が不足して大きな欠損に至るか，あるいは切削熱が激しくなり，刃先が溶融して完全鈍化してしまうかである。あるいは，断続切削などでは，刃先に大きな衝撃が加わり，突発的あるいは疲労破壊的に欠損や折損を招く場合もある。工具が寿命を迎えてしまうと，工作機械に過大な力が加わったり，製品品質に影響を与えたりするので，通常，工具摩耗を適切に把握して，**工具寿命**（tool life）管理を行うのが普通である。

工具すきとり摩耗の形態は，逃げ面の**逃げ面**（**フランク**）**摩耗**（flank wear）とすくい面の**クレータ摩耗**（crater wear）とに分類でき，摩耗の評価は，一般的に，逃げ面摩耗幅およびクレータ摩耗の深さにより判定される。工具の逃げ面摩耗進行曲線の例と工具寿命線図を**図 2.37** に示す。図（a）のように，逃げ面摩耗は，急激に進展する初期摩耗，切削時間にほぼ比例して上昇する定常摩耗，および工具寿命末期の急激摩耗といった経緯をたどる。それに対して，クレータ摩耗は，ほぼ切削時間に比例して上昇するといわれている。

また図（b）のように，工具寿命線図はいくつかの切削速度における切削速度に対する工具寿命時間 T〔min〕を求め，両対数グラフにプロットすると右下

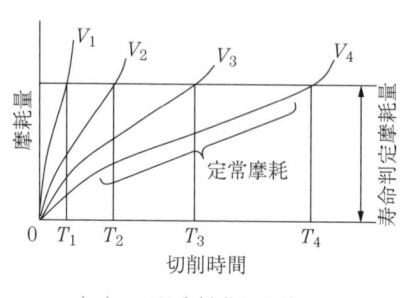

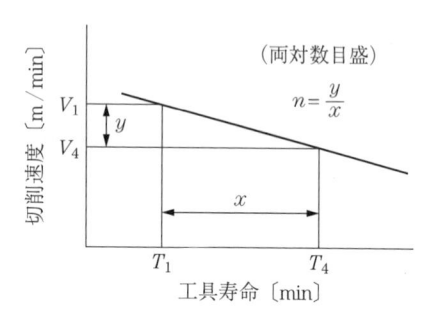

(a) 工具摩耗進行曲線の例
(b) 工具寿命線図（V-T線図）

図 2.37　工具摩耗進行曲線と工具寿命線図

がりの直線で表される。切削速度 V [m/min] との間には，式 (2.22) の関係があることが知られている。この式は **Taylor の寿命方程式** と呼ばれている。

$$VT^n = C \tag{2.22}$$

n は直線の傾きに相当し，熱的影響が小さい工具ほど傾きが小さくなる。C は工具寿命が 1 min となるときの切削速度に相当する。n と C の値が大きいほど工具寿命が長いことを意味する。

2.2.4　切削における振動

2.2.1 項では切削力を静的な力として取り扱ってきたが，実際には，図 2.38 に示すように，静的成分 P_{mean} に変動成分が重畳し，工作機械，工作物および工具の弾性振動により時間的に変動する。その弾性振動による工具と工作物間の相対変位を極小にして安定化することにより，精度の高い切削加工が可能と

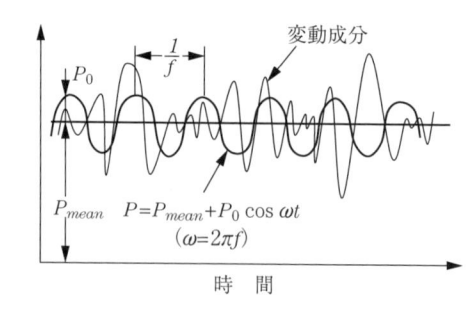

図 2.38　切削力の弾性振動による時間的変動

2.2 切削加工

なる。それに対し，それがある程度以上大きくなると，加工精度，工具寿命あるいは機械の精度などに影響を与える。

工具と工作物間の相対振動は，**びびり**（chatter）と呼ばれる。びびりは，**強制びびり**（compulsory chatter）と**自励びびり**（selfexited chatter）とに大別できる。強制びびりは，周期的外力による強制振動であり，例えば，工作機械の駆動用モータや主軸などの回転のアンバランス，歯車や伝動ベルトの動力伝達時のがた，テーブル反転動作時の反動，フライスなどの断続切削力，あるいは超精密加工の分野では，流体軸受けや案内の圧縮空気や流体の脈動，NC制御パルスによる振動も問題になる。

一方，自励びびりは，切削時の切りくず生成時に発生する負の減衰により発生する共振的な振動である。自励びびりは，一般的に，強制びびりに比べて振動が激しく，対策が困難な場合が多く，切削時の振動として重要視される。

自励びびりの原因となる自励振動は，図 2.39 に示すような 1 自由度の振動系モデルで解析することができる。質量 m の工具系がばね定数 k のばねと粘性減衰係数 c のダンパで支えられていると仮定する。工具に図 2.38 で示した切削力波形の変動成分を $P = P_0 \cos \omega t$ と定式化して，それが作用するものとすると，式(2.23)に示す運動方程式を考えることができる。

$$m\ddot{x} + c\dot{x} + kx = P_0 \cos \omega t \qquad (2.23)$$

この運動方程式の解である変位 x を求めることにより，工具系の振動を解析する。変位 x は，式(2.24)に示す一般解と，式(2.25)に示す特解との和で

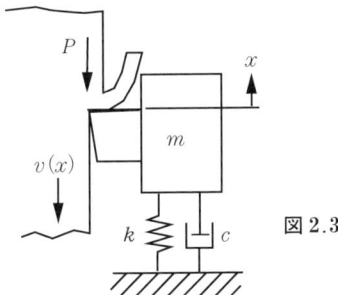

図 2.39　1自由度系の振動モデル

与えられる。式(2.24)における A と B は初期条件により定まる積分定数である。

$$x = Ae^{\alpha t} + Be^{\beta t}, \quad \alpha, \beta = -\frac{c}{2m} \pm \sqrt{\left(\frac{c}{2m}\right)^2 - \frac{k}{m}} \qquad (2.24)$$

$$x = x_0 \cos(\omega t - \phi), \quad x_0 = \frac{P_0}{\sqrt{(k - m\omega^2)^2 + (c\omega)^2}},$$

$$\tan \phi = \frac{c\omega}{k - m\omega^2} \qquad (2.25)$$

一般解における運動は，式(2.24)の第2項が実数になるか虚数になるかにより，①過減衰，②臨界減衰，および③減衰自由振動の三通りの運動を示すが，切削加工における振動は，図2.40(a)に示すような，③減衰自由振動に相当する。この振動に，図(b)の切削力の変動成分による変位である特殊解(強制振動)を加算すると，式(2.26)および図(c)のような合成振動を得ることができる。

$$x = e^{-\frac{et}{2m}}(A \cos qt + B \sin qt) + x_0 \cos(\omega t - \phi) \qquad (2.26)$$

式(2.25)において，減衰係数 c が負の場合には振幅が時間とともに増大し，工具系が自励振動することになる。

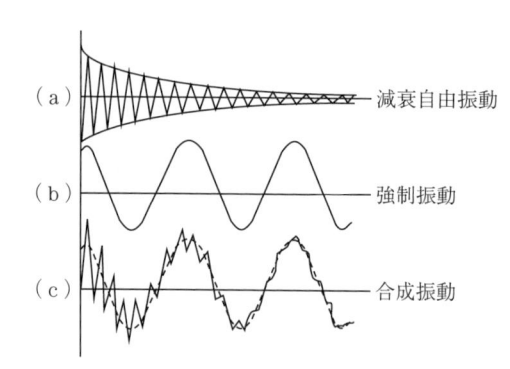

図2.40 切削加工における振動

切削において自励振動による自励びびりが発生する条件は，つぎの三通りに大別される。①摩擦係数が切削速度とともに減少する場合で，工具がたわみやすい状態で低速切削した場合などに相当する。②工具系の振動位相と切削力との位相にずれがある場合，および③前加工面に凹凸がある場合である。

特に，③の原因によるびびりは，びびりによる切削面の凹凸がびびりをさらに拡大していく現象から**再生びびり**（regenerative chatter）と呼ばれ，切込み変化をフィードバックさせた閉ループ系の安定性の解析による研究などが詳しく行われている。

2.3 砥粒加工

砥粒加工は，鉱物質の微小粒子である**砥粒**（abrasive grain）を切れ刃として使用し，極微小な切削を行い所定の表面仕上げや寸法および形状を得る加工法である。被削材から切りくずを生成する点においては，これまでの切削加工と同様であり，切削機構も類似している。しかしながら，切れ刃の形状，切削面の創成機構あるいは加工方法など，切削加工と異なる点も多い。砥粒加工の特徴を以下に列挙する。

① 砥粒一刃当りの切削量は，切削の場合に比べて非常に小さい。
② 多数の砥粒が切削に関与することにより，加工効率を高め，加工精度を向上させることができる。
③ 砥粒の利用法には，ばらばらの砥粒群である**遊離砥粒**（loosed grain）として利用する方法と，砥粒を**結合剤**（bond）で固めて**砥石**（grinding wheel, grinding stick）または**研磨シート**（abrasive sheet）として利用する方法とがある。
④ 砥粒には**自生作用**（self-sharpening）があり，切れ刃が摩耗して鈍化すると再供給され，加工が持続する。

ここでは，切削加工の基礎を踏まえて，砥粒加工の基礎理論や加工法，および砥粒加工の特徴に関して学ぶ。

2.3.1 砥粒加工の様式

砥粒加工の分類を**表 2.1** に示す。切込み方式により，**強制切込み方式**と**定圧切込み方式**とに大別される。強制切込み方式は，高速回転する丸形砥石に所定

表 2.1 砥粒加工の分類

切込み方式	工具	加工法
強制切込み	丸形砥石	円筒外面研削 円筒内面研削 平面研削 特殊研削（ねじ，歯車など）
定圧切込み	角形砥石	ホーニング 超仕上げ
	研摩シート	ベルト研摩
	遊離砥粒（ラップ工具） 同　上（超音波ホーン） 同　上（バフ車）	ラッピング 超音波加工 バフ仕上げ

の切込みを与えて加工する方式であり，単に**研削加工**（grinding）とも呼ばれる。精密から超精密な表面仕上げと形状および寸法精度を得ることができる。研削加工には，円筒研削，平面研削，あるいはねじや歯車研削などがある。

定圧切込み方式には，砥石を用いる方式と遊離砥粒を用いる方式とがあり，砥石または遊離砥粒を一定圧力で工作物に加圧しながら，表面粗さを向上させていく加工法である。超精密な表面仕上げを得ることができる。角形砥石を用いる方法には，円筒面を加工する超仕上げや内面を加工するホーニングなどがあり，研摩シートを用いるものにはベルト研摩などがあり，遊離砥粒を用いるものとしては，ラッピング，超音波加工あるいはバフ仕上げなどがある。

2.3.2　砥粒および研削砥石

〔1〕**砥粒の種類と性質**　砥粒には，① 被削材に貫入できる硬さ，② 切れ刃エッジを有する形状や破砕性，あるいは ③ 高温・高圧に耐える化学的安定性などの要件が必要である。現在，おもに用いられている砥粒は人造砥粒であり，その種類を以下に述べる。

1）**A系砥粒**　主成分は Al_2O_3（酸化アルミニウム）であり，褐色をした**A砥粒**（アランダム，alundum）と，精製され純度が高く白色の**WA砥粒**（white alundum）とがある。硬さは 2 000 HV 程度である。

2）**C系砥粒**　主成分はSiC（炭化ケイ素）であり，黒色の**C砥粒**

（カーボランダム，carborundum）と，純度の高い緑色の **GC砥粒**（green carborundum）とがある。硬さは2 500 HV程度である。

　A系およびC系砥粒は一般砥石として利用され，一般的に，A系は鉄と反応しにくいため，鉄鋼材料の研削に用いられる。C系は，鉄と反応しやすく，鋳鉄，非鉄金属あるいは超硬などの非金属に用いられる。また，AおよびC砥石は切込みや送りが大きい重研削用に，WAおよびGC砥石は仕上げ研削用に用いられる。

　その他の一般砥粒としては，B_4C（炭化ホウ素）があり，一般的に，ラッピング，超音波加工などの遊離砥粒加工用に用いられる。硬さは3 000 HV程度である。

　3）ダイヤモンドおよびcBN砥粒　ダイヤモンドおよびcBN砥粒は，超砥粒とも呼ばれ，価格が高く，砥石の管理や成形，あるいは加工条件の設定などに注意が必要である。ダイヤモンドは，室温硬さは砥粒中で最も高いが，鉄と反応しやすく，600 ℃で酸化や黒鉛化が始まるので，一般的に，鉄鋼材料の重研削には適さない。遊離砥粒加工として超硬合金やガラスなどの非金属のラッピングに，砥石として，超硬合金，ガラスあるいはセラミックスの研削加工に用いられる。

　cBNは，高温硬さや化学的安定性に優れ，各種の特殊鋼の重研削や仕上研削に用いられる。

　ダイヤモンドおよびcBN砥粒は非常に硬いため，砥石の成形は，砥石形状を成形する**ツルーイング**（truing）と砥粒を結合剤から突出すための**ドレッシング**（dressing）とに分けて行われることが多い。

　〔2〕**研削砥石の構造**　研削砥石は，図2.41に示すように，砥粒と，砥

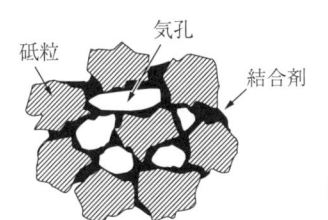

図2.41　研削砥石の構造

粒を保持する結合剤で構成され，砥石内部には空隙が存在している。砥粒，結合剤および**気孔**（pore）は，砥石の特性を決める重要な構成要素であり，**砥石の3構成要素**と呼ばれる。具体的な因子は，**砥粒材料**（abrasive material），**粒度**（grain size），**結合度**（grade），**組織**（structure），**結合剤の種類**（bonding material）が重視され，これらを**砥石の5因子**と呼んでいる。

2.3.3 研削加工理論の基礎

〔1〕 研 削 機 構

1） 切りくず生成機構　　砥粒一刃における切りくず生成機構を**図 2.42** に示す。切削における刃先は，切削するのに適した形状に成形されているが，砥粒には決まった形状や大きさはなく，統計的な視点で見る必要がある。砥粒による切りくず生成機構の特徴はつぎのようになる。①大きな負のすくい角で切削される，②一刃当りの切込みが，一般的に数 μm 以下と非常に微小である，および③切削速度が 2 000 m/min 程度と高速であることなどである。

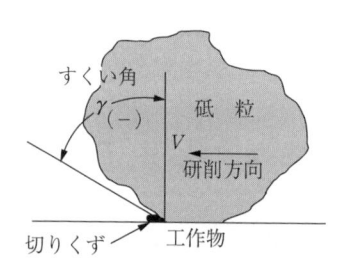

図 2.42 砥粒一刃における切りくず生成機構

すべての砥粒が切りくず生成に関与するわけではなく，切込みの程度により**図 2.43** のような加工段階がある。（a）は摩擦段階であり，砥粒が被削材表面を上滑りしている段階である。（b）は塑性変形段階であり，砥粒が被削材を押し付けて塑性変形している段階である。（c）は**プラウニング**（plouning）と呼ばれ，切りくずは生成しているが，被削材から分離していない段階である。（d）は切削段階であり，砥粒が切りくずを前方に生成している段階である。研削加工における切りくず生成機構は，これらの（a）～（d）の各段階が

2.3 砥粒加工　45

図 2.43　研削の加工段階

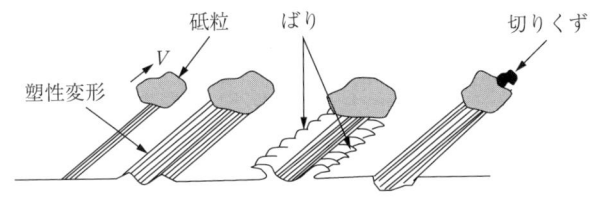

(a) 摩擦　(b) 塑性変形　(c) プラウニング　(d) 切削
切込み　浅 ―――― 深

混在しており，それぞれの占める比率は，粒度，統計的砥粒形状，ドレッシング状態，研削条件あるいは被削材により異なる．

2) 砥粒切込み深さ　研削機構における砥粒一刃当りの切込み深さは，フライス加工において解析したときと同様に解析することができる．研削加工の解析モデルを図 2.44 に示す．研削砥石の直径を D，切込みを d，砥石の周速度を V，工作物の送り速度を v とし，砥粒一刃当りの研削は，図の A の砥粒による切削が終了した後に後続する B の砥粒が研削するものとする．

砥粒切込み深さ g_s ($=QU$) は幾何学的に式(2.27)で与えられる．

$$g_s = QU = TQ \sin \theta \tag{2.27}$$

このとき，TQ と $\sin \theta$ は，それぞれ幾何学的に式(2.28)で与えられる．a は，砥粒 A と砥粒 B との円弧間隔であり**連続切れ刃間隔**と呼ばれる．

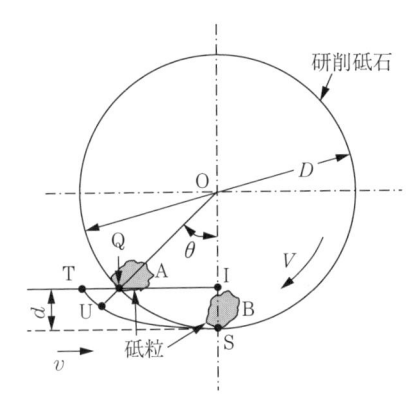

図 2.44　研削加工解析モデル

$$TQ = \frac{v}{V/a} = a\frac{v}{V}, \qquad \sin\theta = \frac{QI}{OQ} = \frac{\sqrt{dD}}{D/2} = 2\sqrt{\frac{d}{D}} \qquad (2.28)$$

砥粒一刃当りの切込み深さ g_s は, 式(2.28)を式(2.27)に代入することにより, 式(2.29)のように求めることができる.

$$g_s = 2a\frac{v}{V}\sqrt{\frac{d}{D}} \qquad (2.29)$$

式(2.29)で求めた砥粒一刃当りの切込み深さは平面研削の場合であり, 円筒研削および内面研削に関しては, 砥石直径を D_1, 被削材の直径を D_2 として考慮すると, 式(2.30)のように求めることができる.

$$\begin{aligned}
&\text{(円筒研削)} \quad g_s = 2a\frac{v}{V}\sqrt{d\left(\frac{1}{D_1} + \frac{1}{D_2}\right)} \\
&\text{(内面研削)} \quad g_s = 2a\frac{v}{V}\sqrt{d\left(\frac{1}{D_1} - \frac{1}{D_2}\right)}
\end{aligned} \qquad (2.30)$$

このとき, 連続切れ刃間隔 a は, 研削方向に沿って並んだ砥粒間隔であり, 隣接する砥粒間隔ではない. 粒度#46の砥石の場合, 連続切れ刃間隔 a は4mm程度となる. この砥粒一刃当りの切込み深さ g_s は, 砥石の切込み d に対して非常に小さく, 一般的に数 μm 以下となる.

〔2〕研削抵抗　研削加工における研削抵抗を図2.45に示す. ①砥石の接線方向の分力(抵抗) F_c は, 砥石の回転動力に関係し, 切削の場合の主分力に相当する. ②法線方向の分力 F_t は, 研削砥石が被削材(工作物)を押し付ける力で, 切削における背分力に相当する. この分力は研削分力のうちで最も大きい. ③送り方向の分力は, 研削砥石の厚み方向に作用する分力で,

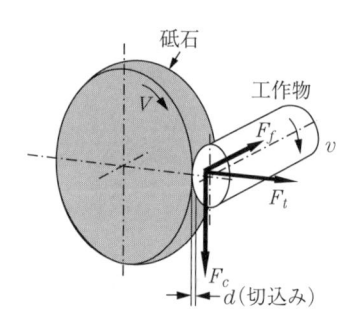

図2.45　研削加工における研削抵抗

他の分力に比べて非常に小さく,一般的には無視できる。

研削抵抗に関する理論式は,切りくず生成に関与する砥粒の切れ刃形状や切込みがばらばらで,切削もきわめて微小であることから,切削のような幾何学的な解析は困難である。最もシンプルな Masslow の実験式を式(2.31)に示す。

$$\text{(接線方向分力)} \quad F_c = c_w{}^{0.7} V^{0.7} d^{0.6}$$
$$\text{(法線方向分力)} \quad F_t = \frac{F_c}{2} \tag{2.31}$$

c_w は材料定数であり,一般的に 2.0 程度が用いられる。

〔3〕**研削温度** 研削加工では,前述の研削機構の観点から,研削点において非常に高い研削熱が発生する。実際の研削作業においては,一般的に切りくずが火花となって排出されるために,研削液の利用が欠かせない。研削加工に及ぼす研削熱の影響には,つぎのようなものがある。①砥粒の摩耗を促進する,②工作物を熱変形させ加工精度が低減する,③深い加工変質層を形成する,④研削焼けや研削割れが発生する,などである。

2.3.4 各種研削加工

円筒研削加工を図 2.46 に示す。図(a)は円筒部品の外周面を研削する**トラバース研削**(traverse grinding)である。円筒研削盤を利用し,被削材(工作物)をゆっくり回転させ,砥石や工作物に切込みと送りを与えながら研削する。図(b)および図(c)は円筒の端面や外周面を研削する**プランジ研削**

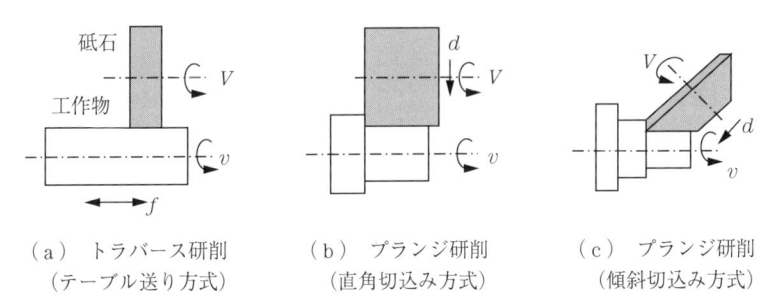

(a) トラバース研削
(テーブル送り方式)

(b) プランジ研削
(直角切込み方式)

(c) プランジ研削
(傾斜切込み方式)

図 2.46 円筒研削加工

(plunge cut) であり，砥石に送りを与えず，切込みのみを与えて研削する方式である．砥石をあらかじめ製品輪郭形状に成形しておき，その形状を被削材に転写する総形研削もこの研削法で行われる．

内面研削（internal grinding）を図 2.47 に示す．内面研削は，穴内面を研削する方法であり，内面研削盤を用いて実施される．図(a)のように，被削材（工作物）と砥石を回転させる方法と，図(b)のように，被削材を固定して，研削砥石に回転運動と公転運動の両方を与えて加工する方法とがある．

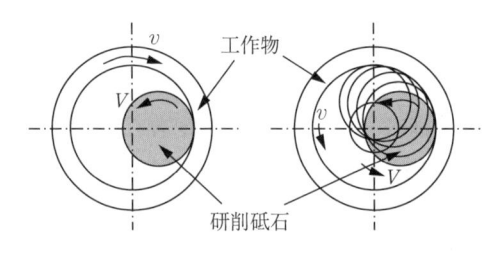

（a）通常方式　　（b）プラネタリ方式

図 2.47　内　面　研　削

内面研削では，①砥石直径を大形化できない，②砥石軸が長くなり振動が発生しやすい，③砥石を高速回転させる必要がある，④内面の加工であるため研削面の観察や切りくずの排出がしづらいなど，円筒外周研削にはない難しさがある．

平面研削（face grinding）を図 2.48 に示す．平面研削は，平面を研削する

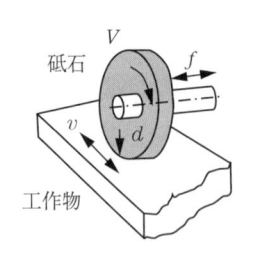

（a）砥石外周面研削方式　　（b）砥石端面研削方式

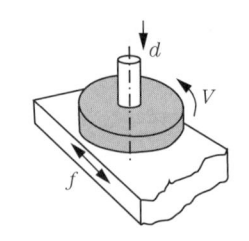

図 2.48　平　面　研　削

方法であり，平面研削盤を用いて実施される。被削材（工作物）は，平面研削盤の往復テーブルや回転テーブルに電磁チャックなどにより固定される。図（a）のように，砥石の外周面を利用する砥石外周面研削方式と，図（b）のように，カップ型砥石を用いて，砥石の端面により研削する砥石端面研削方式とがある。カップ型砥石による研削方法は，高精度研削，CNC 研削あるいは重研削にも対応できる方法として利用が増えている。

2.3.5 定圧力研削・遊離砥粒加工

研削加工は強制切込み加工であり，主として形状精度や加工能率が重視される。それに対して，表面精度を特に向上させたい場合には，定圧力研削加工による仕上加工が施される。強制切込み加工は，前述のように母性原則に従うことから利用する工作機械以上の製品精度はなしえないが，圧力加工によると，図 2.49 に示すように，表面形状の凸部に選択的に高い圧力が作用する選択原理に従うため，非常に高い精度まで迅速に仕上げ加工することが可能となる。既存の工作機械を用いて，より高精度の工作機械を生み出せるのは，この原則による。

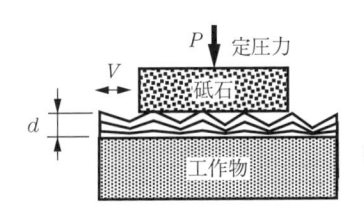

図 2.49 定圧力研削加工

図 2.50 は，スティック状の砥石を用いた定圧力研削加工であり，**超仕上げ**（super finishing）と呼ばれ，軸の鏡面仕上げ加工をする方法である。穴内面

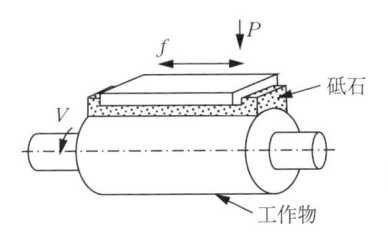

図 2.50 円筒面の超仕上加工

の仕上げも同様の原理で加工することができ，この加工法を**ホーニング**（honing）と呼んでいる．

図 2.51 は**ラッピング**（lapping）と呼ばれる加工法で，ラップと呼ばれる鋳鉄や銅製の工作物よりも軟らかい金属定盤に遊離砥粒を介して被削材を定圧力研削する方法である．加工液を利用する湿式ラッピングとそれを利用しない乾式ラッピングとがある．平面の仕上げのほか，玉軸受の球，レンズあるいは球面軸受の鏡面仕上げにも利用される．

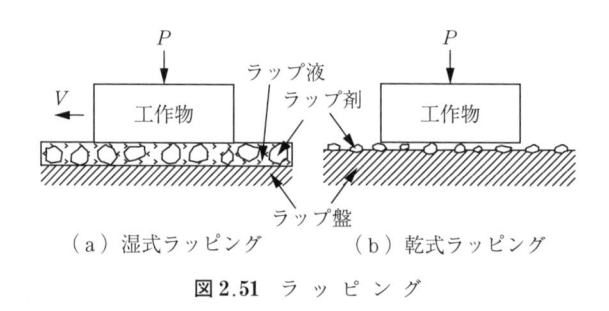

（a）湿式ラッピング　　（b）乾式ラッピング

図 2.51 ラッピング

2.4　進化する機械加工技術―超音波振動切削の概論―

新しい精密切削加工として，著者が研究している**超音波振動切削**（ultrasonic-vibration cutting）を紹介する．超音波振動切削は，バイト，エンドミル，ドリルあるいは研削砥石などの各種の切削工具に超音波振動を与えながら切削する加工法であり，隈部淳一郎博士により発明された日本発の技術である．50 年ほどの歴史を持つ．

超音波振動切削の加工原理を**図 2.52** に示す．工具に振動を与えながら切削する方法であり，振動方向としては，切削における主分力方向，背分力方向および送り分力方向が利用できるが，平滑な切削面を得て，工具の切れ刃に対する負荷を最小にする原則的な振動方向は主分力方向である．振動数は，通常，20〜100 kHz 程度が利用される．超音波振動切削を成立させる条件は，正弦波振動の最大速度 v_v（$=2\pi af$）を切削速度 V よりも大きくとることである．

2.4 進化する機械加工技術−超音波振動切削の概論−

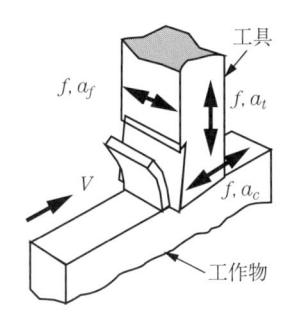

f：振動数
a_c：切削方向振幅
a_t：背分力方向振幅
a_f：送り分力方向振幅
V：切削速度

図 2.52 超音波振動切削の加工原理

すなわち，式(2.32)を満足する必要がある．この条件は隅部の臨界切削速度と呼ばれている．

$$V < 2\pi a f \tag{2.32}$$

超音波振動切削により一般的に期待される効果はつぎのようになる．
① 切削力（低剛性の工具あるいは工作物の弾性変形）低減．
② 低速領域における構成刃先低減など切削面品位向上．
③ 切削温度低減．
④ だれやかえりの低減．
⑤ 切りくず排出性の向上．

利用上の留意点としては，断続切削機構となるため，刃先のチッピング（欠け）が誘発されやすい点，振動方向によっては切れ刃の逃げ面が切削面と干渉して切削面性状が悪化する点，あるいは装置コストが高い点などがある．

切削装置には強力超音波と称される分野の技術を利用して工具を特殊設計し，工具シャンクを含めた工具系全体に定在波を発生させて，工具切れ刃を一定の方向に正確かつ強力に超音波振動させる．各種工具にこの切削法を適用するためには，加工法ごとに超音波振動切削用の専用工具を開発する必要がある．今日までに，バイト，エンドミル，ドリルあるいは研削加工などの加工用装置が開発され実用化されている．最近では，図 2.53 に示すような，外径寸法が約 $\phi 60$ mm で本体重量が 1.5 kg，最高主軸回転数 30 000 min^{-1}，および主軸振動数 41 kHz，振幅 2 μm で主軸の軸方向に超音波振動する．小形で高

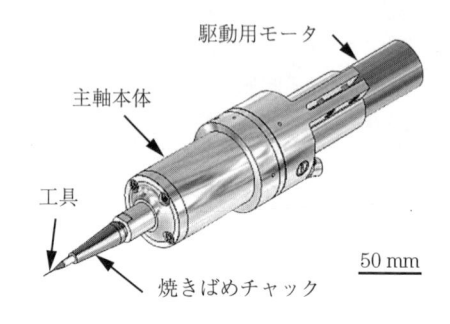

52   2. 機械加工

図2.53 高速・小形超音波振動切削用主軸
(駆動用モータ, 主軸本体, 工具, 焼きばめチャック, 50 mm)

速な工作機械の主軸が開発されている。

この超音波振動切削法が得意とする分野は，微細穴や溝旋削加工，小径で細長のエンドミル，ドリルあるいは研削砥石による微細加工，セラミックスやガラスなどの高硬度脆性材料の高能率加工，あるいは単結晶ダイヤモンドバイトによる超精密加工などの分野である。

微細で深い形状を加工するためには，工具に小径で細長の工具を利用する必要がある。図2.54に示すように，一般の加工法では，切削抵抗により工具のたわみが発生してしまい，高い形状精度が得られない。それに対して，超音波振動エンドミル加工では，小径高アスペクト比（工具長さ/工具直径）工具に高次のたわみ振動モードを励起させて工具のたわみを大きく低減させ，超精密加工を実現する。

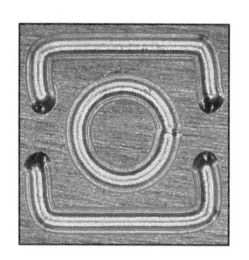

(a) 通常のエンドミル加工　　(b) 超音波振動エンドミル加工

0.5 mm

図2.54 微細溝加工例

2.5 機械加工学習の意義

　機械加工の目的はなにか。要求された機械製品を合理的な品質，コストおよび納期で加工することである。しかしながら，技術のみを見ていたのでは，要求に達する最短ルートを見つけられないときがある。視野を機械加工の周辺にまで広げる必要があろう。では，機械製品の目的とはなにか。決してものづくりそのものではなく，機械製品が持っている価値にある。人間は製品そのものが欲しいわけではなく，製品がもたらす便利などの価値が欲しいのである。そう考えると，じつは，ものづくりは不要であったということもありうる。さらには，その価値は人間を幸福にするのか。便利なことははたして，将来にわたって本当に良いことなのか，回り回ってじつは不幸なことなのではないだろうか。

　今日，機械加工の分野では，日本は世界のトップランナーである。トップランナーは世界を先導していかなければならない。人類の方向性を見失わないために，21世紀の機械加工技術者は，図2.55に示すように，機械加工技術のうえに機械加工哲学を持って道を進まなければならない。

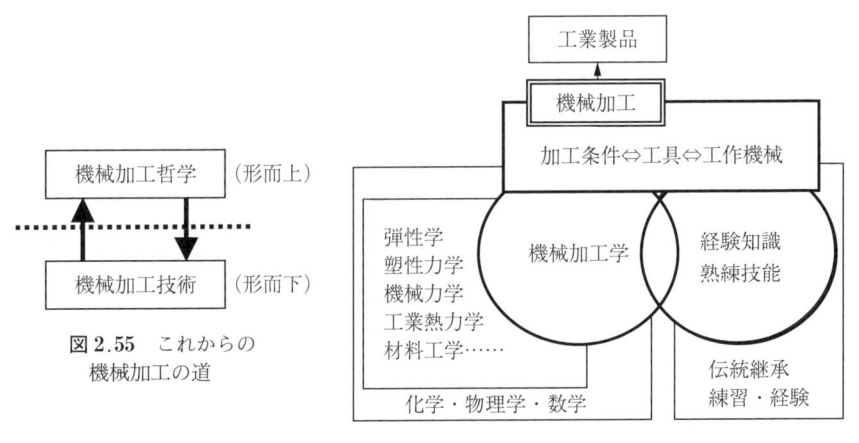

図2.55　これからの機械加工の道

図2.56　機械加工技術の体系

54　　2. 機 械 加 工

　機械加工の醍醐味は，**図2.56**に示すように，化学や物理学などの自然科学に立脚した工学基礎に基づく機械加工学と，伝統に基づく技能とが渾然一体となっていることであろう．機械加工に携わる研究者や生産技術者と加工技能者は，その醍醐味でつながっている．それぞれの領域で高い研鑽(さん)を積み，たがいに手を携えてする仕事ほど楽しいものはないように思える．

　工作機械は母なる機械である．しかしながら，**図2.57**(a)に示すような，母性原理によると，その機械によって生み出された子は，永遠に母を超えることはできない．母を超えられるのは，じつは，図(b)に示すような，定圧力研削加工によってのみである．機械加工学の粋を結集させた超精密工作機械も，定圧力研削加工によって最終仕上げされた要素がベースになっている．

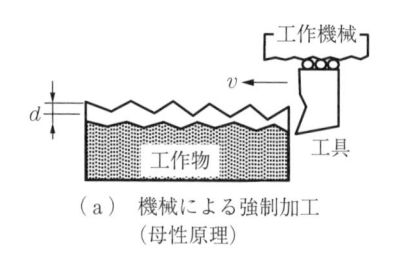

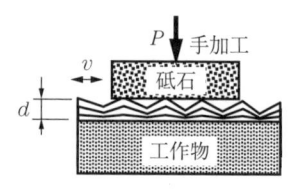

　　　（a）機械による強制加工　　　　　（b）人による定圧力研削加工
　　　　　　（母性原理）　　　　　　　　　　　（選択原理）

図2.57　機械の力と人の力（母性原理と選択原理）

　本章で学んだように，明快な強制切込み加工よりも，昔からあって理論的に不明な点が多く，人手でも加工できる定圧力研削加工が，じつにうまく凸部のみを選択的に捕え，自動的に圧力調整しながら加工できる方法であることに改めて驚かされる．人間の知恵の深さと機械加工の歴史の重みを感じる．つねに原点に戻りつつ新たに考え直してみることが，新しい機械加工法をひねり出すうえで大切なことであると感じる．皆さんも是非，世界のトップランナーである先輩に続いて機械加工道に邁進してほしい．

演 習 問 題

【1】 下記の切削工具の材種を硬さ（HV 表記）に合わせて入れその特徴を述べよ。

硬さ	材種	硬さ	特徴
軟 ↓ 硬		800〜	
		1 500〜1 900	
	セラミックス	2 000〜3 000	
		4 500〜	
		8 000〜	

【2】 問図 2.1 の円筒研削において，砥粒一刃当りの切取り厚さを約 $1.0\,\mu\mathrm{m}$ としたい。下記の仕様の砥石を用いた場合，直径 $D_2=20$ mm の工作物の回転速度 v を 10 m/min 程度とした場合の切込み d を決定せよ。

〈砥石仕様〉
砥石直径 D_1：200 mm
連続切れ刃間隔 a：3 mm
砥石周速度 V：1 800 m/min

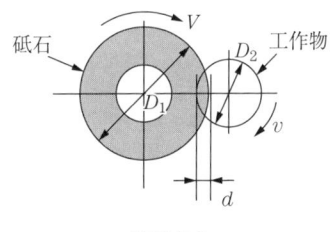

問図 2.1

3 塑性加工

3.1 塑性加工の概要

3.1.1 塑性と塑性加工

どのような材料でも，外部から力が加わると変形する。しかし，その変形は，**図 3.1**(a) に示すように力を取り除くと元の形に戻る変形と，図(b)のように力が取り除かれても残ってしまう変形がある。すなわち，前者のように変形が消える性質を**弾性**（elasticity）といい，変形が残る性質を**塑性**（plasticity）という。この塑性を利用し，さまざまな製品や部品を形作る加工が**塑性加工**（plastic working, metal forming）である。

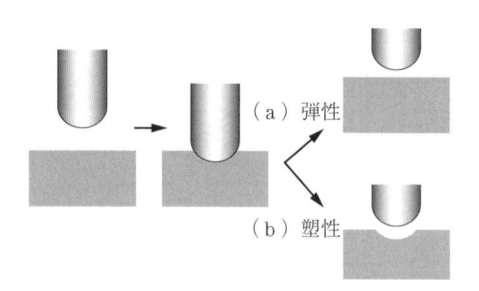

図 3.1 弾性と塑性

3.1.2 塑性加工の分類

図 3.2 におもな塑性加工法とその分類を示す。

鋼製や非鉄金属製の板，棒，管などの素材を作るための代表的な塑性加工法

3.1 塑性加工の概要　57

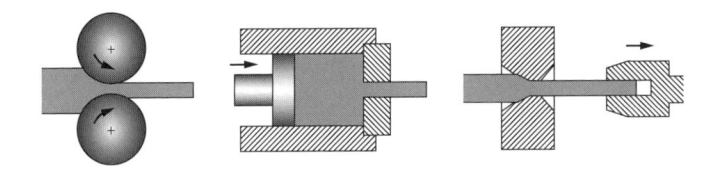

(a) 圧延加工　　(b) 押出し加工　　(c) 引抜き加工
(A) 素材を作るための塑性加工

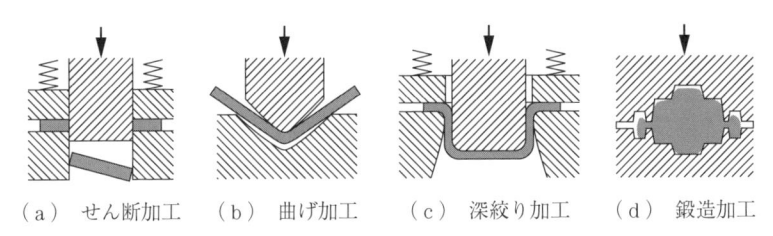

(a) せん断加工　(b) 曲げ加工　(c) 深絞り加工　(d) 鍛造加工
(B) 素材から部品や製品を作るための塑性加工
図 3.2　おもな塑性加工法とその分類

が**圧延加工**（rolling）や**押出し加工**（extrusion）である。また，これらの加工法により製造された棒や管の表面精度や寸法精度を高めるための加工に用いられるのが**引抜き加工**（drawing）である。

　これらの素材を利用し，さまざまな形状や寸法の製品や部品が，各種塑性加工法により効率良く高精度に製造される。例えば，板から**せん断加工**（shearing）により所望の形状や寸法の部品やブランク材が作られる。ブランク材は，**曲げ加工**（bending）や**深絞り加工**（deep drawing）などにより，さまざまな形状の製品や部品に成形される。また，所定の寸法に切断された棒や管は，**鍛造加工**（forging）などによりさまざまな機能を持つ部品に成形される。

　このような素材成形の加工には，一般に金型を取り付けたプレス機械と呼ばれる工作機械を用いて行われることから，これらの加工法を総称して，プレス加工と呼ぶ。

3.1.3　プレス機械と金型

〔1〕　**プレス機械**　　せん断，曲げ，深絞りなどの加工に用いられるプレス

機械は，**機械プレス**（mechanical press）と**油圧プレス**（hydraulic press）に大別される。油圧プレスは機械プレスに比べ，加工速度の調整，加圧力の調整や保持が容易であるなどのメリットがある。しかし，生産性に直結する1分間にスライドが上下する回数（ストローク数）が機械プレスに比べ少ないため，試作用や実験用としておもに利用されている。すなわち，生産に用いられるプレス機械の95％は機械プレスが占めている。

機械プレスにも，図3.3に示すように，さまざまな機構のプレス機械がある。これらのうち，最も広く用いられているのがクランクプレスである。このプレスは構造が簡単で，スライドの最下位置（下死点）が正確であるなどの特長を有している。このクランクプレスには，小型の汎用プレスから，複数の金型をプレスベッド上にセットし，自動車のルーフ（屋根）やボンネットなどの大形部品を数工程で加工（順送加工）を行う数千トンの加圧能力を持つ大形プレスまで存在する。

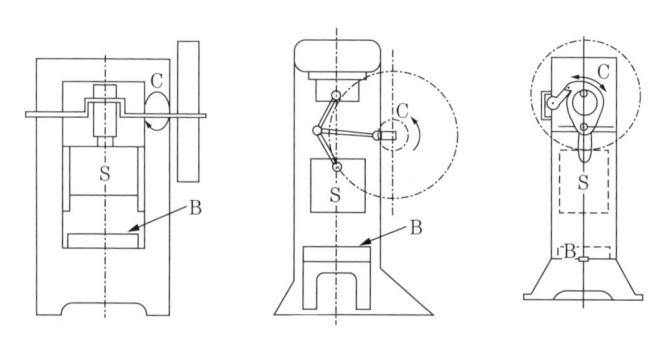

S：スライド，B：ボルスター，C：クランク

（a） クランクプレス　　（b） ナックルプレス　　（c） リンクプレス

図3.3 代表的な機械プレス（AIDA プレスハンドブック，アイダエンジニアリング(株)，p.166（1987）より転載）

近年，NCサーボプレスが市販された。このプレス機械は従来の機械式プレスの概念を大きく変えるものであり，生産における高効率化や高精度化，さらには省エネルギー化が期待できるプレス機械として大きな注目を集めている。すなわち，従来のプレス機械では，スライドは一定の範囲で定められた速度で

動くものとされていたが，サーボプレスは，**図 3.4** に示すようなさまざまなスライドモーションが容易に選択でき，さらにスライドの速度が自在に設定できるといった特長を有している。また，このサーボプレスは，**図 3.5** に示すように，モータとスライドを，歯車やクランクを介して直結したシンプルな駆動部の構造であるため，従来の機械プレスでは不可欠であったクラッチやフライホイールなどが不要になった。

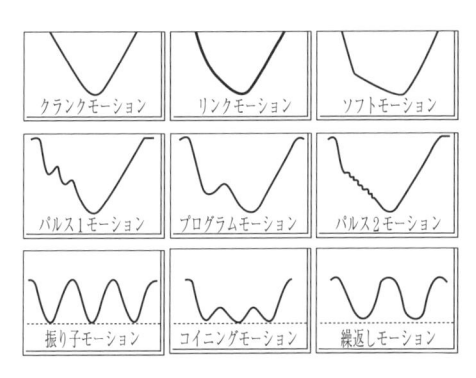

図 3.4 サーボプレスで設定可能な
　　　　スライドモーション例[1]†

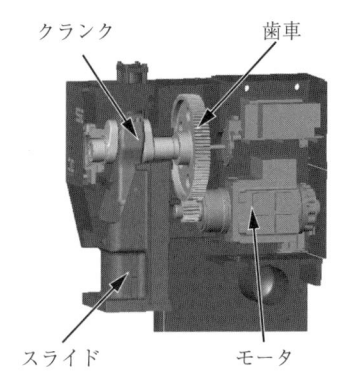

図 3.5 サーボプレスの
　　　　駆動部概略図[1]

　加工に用いるプレス機械を選定する場合には，単にプレス機械の名盤に表示されている最大の加圧能力だけでなく，トルク能力や仕事能力も考慮しなければならない。すなわち，プレス機械はスライドの全ストロークで最大の加圧能力を発揮できるわけではないので，加工に必要とする荷重に打ち勝つ加圧力が得られるのはスライドの最下点（下死点）から何ミリのところからか，また，1分間に何回の連続加工が行えるエネルギーを有しているか，といったトルク能力や仕事能力を見積もったうえで，加工に用いるプレス機械を選定しなければならない。

〔2〕金　型　金型（die）には多くの種類があるが，ここではプレス機械に取り付け，金属薄板を素材として用い，同じ形の製品を安定して大量生産する，プレス加工用金型について説明する。

---

†　肩付き数字は，巻末の参考文献の番号を表す。

60   3. 塑 性 加 工

　生産数量が少ない場合には，1工程の加工を行う単純な構造の単発金型が用いられる．図3.6に四角形部品を打抜くための**単型**（single stage die）を示す．このような金型を用いて加工を行う場合は，人手作業によって素材の供給や成形品の取り出しを行うのが一般的である．

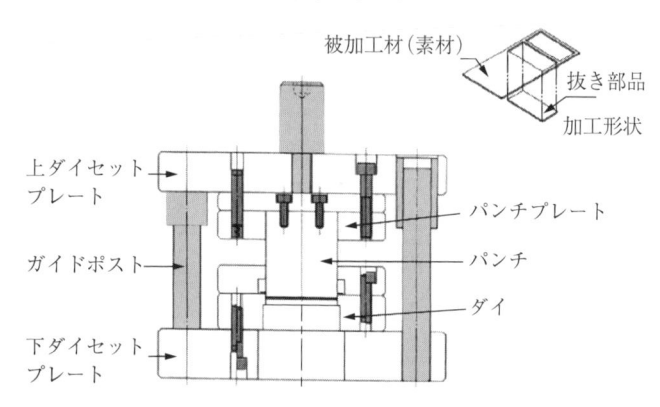

図3.6　単型（抜き型）

（図3.6〜図3.9は科学技術振興機構 Web ラーニングプラザ：
金型 http://weblerningplaza.jst.go.jp/（2008.12）より転載）

　図3.7に示すような，連続した板素材を等ピッチで送り込み，打抜き，端部の曲げ，浅い絞りなどの複数の加工を順次行う金型を，**順送り金型**（progressive die，プログレッシブ金型）と呼ぶ．この金型による加工は，平面的形状の小物，中物部品の大量生産に適している．

　成形高さの大きな中・大物部品などは，所定の形状に打ち抜かれた板素材を

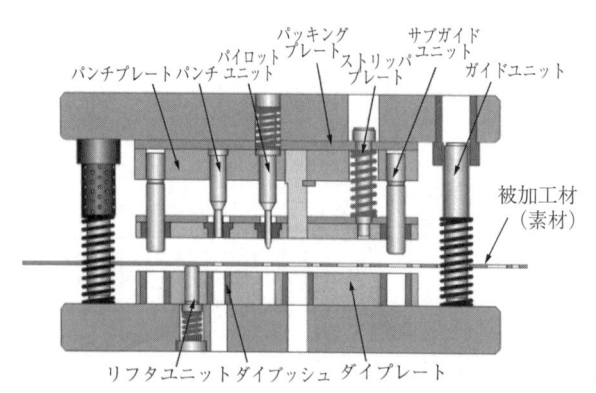

図3.7　順送り金型

用い，**図3.8**に示すような，単工程金型の集合体である**トランスファー金型**（transfer die）を用いて生産される．この金型を用いる加工では，中間製品の移動はプレスの動きに同調した搬送装置が利用され，反転して成形を行うなどの自由度の高い加工が行える．例えば，平板素材から，**図3.9**に示すような工程で立体的形状の成形品を効率良く製造することができる．

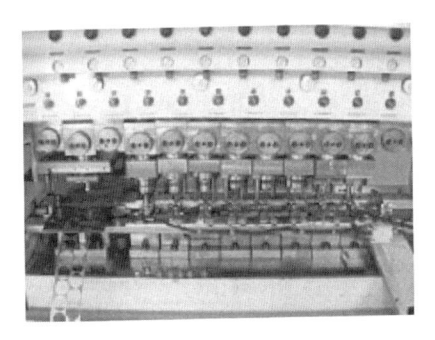

図3.8 トランスファー金型
(絞り型) と製造工程

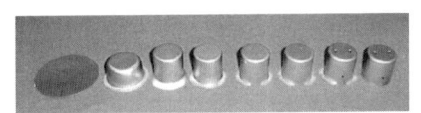

図3.9 トランスファー金型による
円筒部品の製造工程

3.2 板・棒・管の製造

3.2.1 圧延加工

〔1〕 **圧延加工の概要** 圧延加工 (rolling) は，**図3.10**に示すように，回転する2本のロール間をその隙間よりやや厚い材料を通すことによって，材料を鍛錬すると同時に長手方向に延伸させることで，一定の厚みの板や棒を製造する代表的な塑性加工法である．

鋼材は，まず**図3.11**に示すようなスラブ，ブルーム，ビレットなどの鋼片に圧延加工される．そしてこれら鋼片から，さまざまな形状の板，棒，形材，パイプなどの素材が，圧延加工により製造される．

圧延では，ロール周速 v_r を材料入れ側の移動速度 v_0 より早くすることで，材料をロール間に引き込もうとする摩擦力が作用する．圧延が進むとロール周速と材料速度が一致する中立点が存在する．さらに圧延が進むと材料速度が増

図 3.10 圧延加工

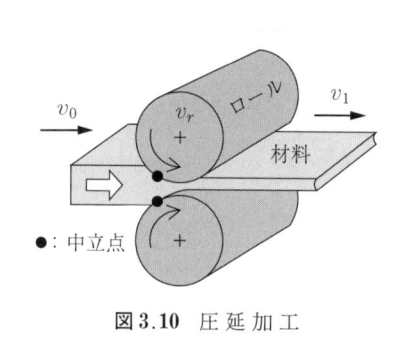

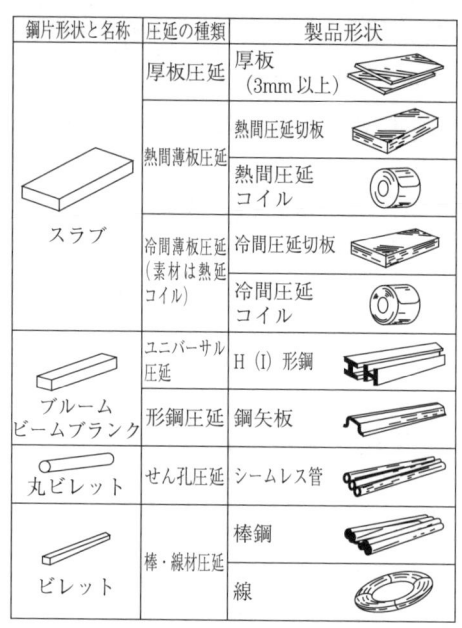

図 3.11 鋼製品の鋼片（素材）形状，圧延の種類および製品形状（村川正夫ほか：塑性加工の基礎，p.42，産業図書（1988）より転載）

鋼片形状と名称	圧延の種類	製品形状
スラブ	厚板圧延	厚板（3mm以上）
スラブ	熱間薄板圧延	熱間圧延切板
スラブ	熱間薄板圧延	熱間圧延コイル
スラブ	冷間薄板圧延（素材は熱延コイル）	冷間圧延切板
スラブ	冷間薄板圧延（素材は熱延コイル）	冷間圧延コイル
ブルームビームブランク	ユニバーサル圧延	H(I)形鋼
ブルームビームブランク	形鋼圧延	鋼矢板
丸ビレット	せん孔圧延	シームレス管
ビレット	棒・線材圧延	棒鋼
ビレット	棒・線材圧延	線

すため，逆方向の摩擦力が作用するようになる．ロール周速 v_r に対する材料の出側の移動速度 v_1 の比を先進率 $(v_1-v_r)/v_r$ と呼び，これが連続で圧延加工を行う場合のロール周速を決める際の重要な指標になる．

〔2〕**板の圧延**　圧延により板厚 t_0 の素材を圧延により t_1 に減厚する場合，板厚の減少量 (t_0-t_1) を一般に**圧下量** (draft) という．また，圧下量の t_0 に対する比率 $\{(t_0-t_1)/t_0\}\times 100$ を**圧下率** (reduction in thickness) といい，一般に％で表す．材料をロール間に通すことを**パス** (pass) といい，数回行うそれぞれのパスにおける減板厚過程を**パススケジュール** (pass schedule) と呼ぶ．

1200℃に熱せられた板幅1mmの鋼板を圧延する場合には，約2000トンもの大きな力がロールに作用する．したがって，1対のロールでこのような加

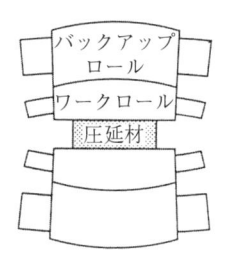

(a) 一対のロールに　　　(b) キャンバを付加した
　　よる圧延　　　　　　　　圧延機による圧延

図 3.12 圧延加工中のロールのたわみとこれを改善した圧延方法

工を行おうとすると，**図 3.12**(a) に示すようにロールがたわみ，均一板厚の精度の良い板が製造できないばかりか，耳伸びや片伸びと呼ばれるさまざまな成形不良が発生したり，加工中に材料が破断し加工が行えなくなる。そこでこのような不良の発生を防止するため，図(b) に示すように，ワークロールの中央部を少し膨らました形状にしたり（このように設計された曲面をキャンバ，またはロールクラウンと呼ぶ），ワークロールのたわみ発生を防止するためのバックアップロールを設けた多段圧延機を用いて製造が行われる。

板厚の均一化が特に要求されるアルミニウム箔などの製造には，**図 3.13** に示すような 20 段のバックアップロールを備えたゼンジミヤ圧延機が用いられる。

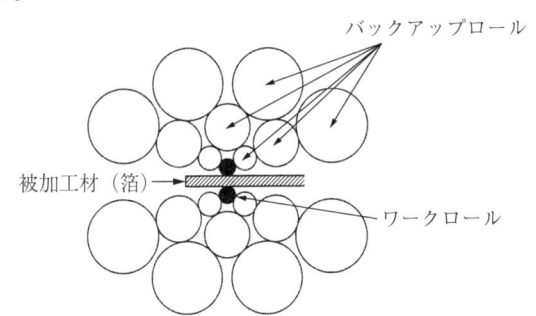

図 3.13 ゼンジミヤ圧延機

〔3〕**棒（線），形，管（パイプ）の圧延**　　棒や線の製造は，**図 3.14** に示すような溝形状のロール間を素材を通過させる方法で行われている。また最近では，寸法精度の向上などの目的から，**図 3.15** に示すように，3 方ロールま

64   3. 塑 性 加 工

図3.14 棒線用孔型圧延（2方ロールによる溝形状）（浅川基男氏（早大）提供）

図3.15 3方ロール圧延機（住友金属工業(株)カタログより転載）

たは4方ロール圧延機により棒や線の加工が行われる。

建築用の材料として多く使われているH形鋼などは，図3.16に示すような，水平ロールと垂直ロールを備えたユニバーサル圧延機により製造される。また継ぎ目のない管は，図3.17に示すようなせん孔圧延法により製造される。

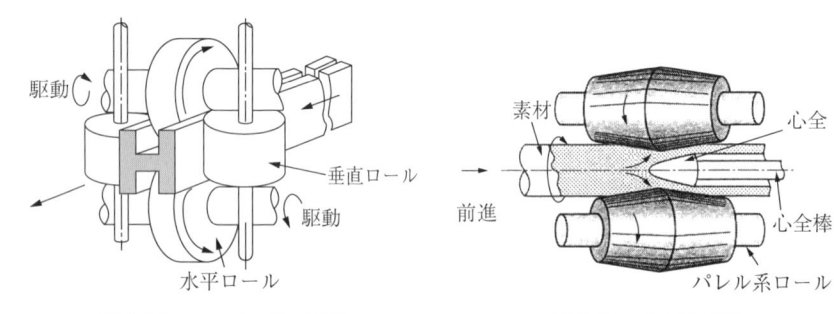

図3.16 ユニバーサル圧延

図3.17 せん孔圧延

3.2.2 押出し加工

〔1〕 押出し加工の概要　　押出し加工（extrusion）は，コンテナ内にビレット（素材）を入れ，これをプッシングラム（押棒）でビレットを加圧することで，材料がダイ孔から流出し，棒，形，管など一定の断面をもつ長尺の製品を得る加工法である。

押出し加工に用いられる素材の多くは，変形抵抗の小さなアルミニウムなどの非鉄金属であり，変形抵抗が小さい材料でかつ押出し後の強度を要求される

3.2 板・棒・管の製造　　65

ものなどは冷間加工されるが，ほとんどの材料は熱間加工される．押出し加工におけるコンテナ孔の断面積 A_0 とダイ孔の断面積 A_1 の断面比率（減少率）を**押出し比**（extrusion ratio）と呼び，$R_0 = A_0/A_1$ で表す．

押出しの方式は，ビレットの負荷形態によって図 3.18 に示す三つの形態に大別される．図(a)は直接押出しまたは前方押出しと呼ばれる．この方式ではプッシングラムの進行方向と製品の進行方向が一致している．図(b)は間接押出しまたは後方押出しと呼ばれ，ダイ自身がプッシングラムによって押し込まれ，ラムと製品の進行方向が逆方向になる．この間接押出しはビレット表面とコンテナ内面との間にすべりによる摩擦がないため力の損失は少なく，均質な製品を得ることができる．図(c)は静水圧押出しと呼ばれる方式である．プッシングラムによりビレット周囲の圧力媒体を加圧することで製品を押し出す方式である．この方式は，押出し力が小さくでき，他の押出し方式では加工が行えないような脆性の高い材料での加工が行えるなどの特長があるが，装置が複雑になるなどの問題がある．

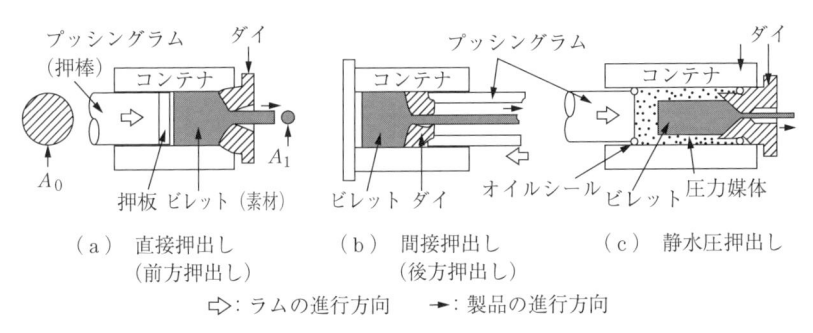

図 3.18　押出し加工法の形態（村川正夫ほか：塑性加工の基礎，p.57，産業図書（1988）より転載）

〔2〕**ダイと材料の流れ**　押出し加工に用いられるダイには，図 3.19 に示すようなフラットダイとコニカルダイがある．前者のダイは傾斜角（ダイ半角）が $\alpha = 90°$ である．ベアリング部の長さは，押出し品の形状精度を保つため，ある程度の長さが必要である．

フラットダイで押出し加工を行うと，図 3.20 に示すように，ダイ入口周囲

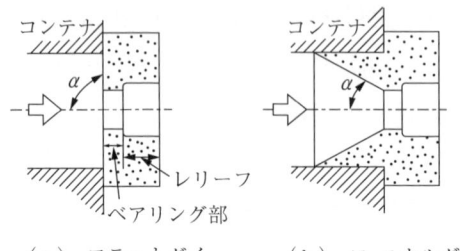

図3.19 押出し加工に用いられるダイ
(a) フラットダイ（α=90°）
(b) コニカルダイ（α<90°）
⇨：ラムの進行方向

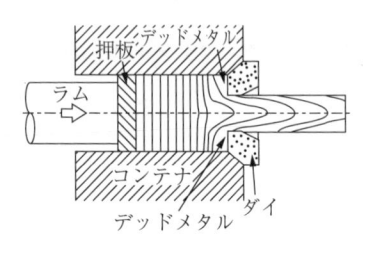

図3.20 押出し加工における材料の流れとデッドメタル

にデッドメタルと呼ばれる変形しない部分が発生する。アルミニウムなどの押出しでは，材料とダイ間の摩擦による荷重より，デッドメタルの出現による材料内のすべり変形による荷重のほうが小さいため，フラットダイが用いられる。また，このすべり変形により製品表面がつねに新生面となるため，良好な仕上げ面の製品が得られることもフラットダイが利用される大きな理由である。

管の押出し加工には，図3.21に示すようなホローダイが用いられる。このダイを用いた押出しでは，まず1段目のオスダイで複数に分流（分離）され，ダイ周囲の拘束を受け，2段目のメスダイで合流（接合）することで，管の成形が行われる。

〔3〕 **押出し条件と押出し欠陥** 変形の少ないアルミニウム材の押出しなどは，グリースなどを潤滑剤とし，冷間で加工を行う場合もあるが，一般には

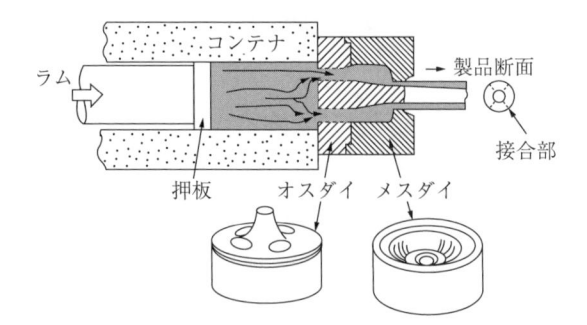

図3.21 ホローダイによる管の押出し加工（ポートホールダイの場合）

荷重の軽減や断面減少率をより大きくするため,熱間加工が行われる。例えば,アルミニウムやその合金の場合は700 °C前後,銅や銅合金では1 000 °C前後の加熱(押出し)温度でそれぞれ加工が行われる。この場合,潤滑剤には黒鉛や二硫化モリブデンなどが使用される。また,従来は押出し加工が困難とされていた,鋼,ニッケル,チタンなども,ガラス潤滑法の開発により,押出し加工が可能になった。しかし,押出し条件が適正でないと,製品にさまざまな欠陥が発生する場合がある。

図3.22は表面や内部に割れが発生する代表的な欠陥の例である。これらの原因は,ダイの形状不良,過小な押出し比,押出し温度の不適切などである。

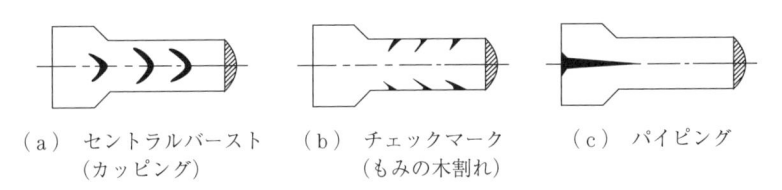

(a) セントラルバースト
(カッピング)
(b) チェックマーク
(もみの木割れ)
(c) パイピング

図3.22 押出し加工における欠陥

3.2.3 引抜き加工

〔1〕 **引抜き加工の概要**　圧延加工や押出し加工で製造された棒,形,管材は,そのほとんどが熱間加工で作られているため,その表面精度や寸法精度は必ずしも高精度とはいえず,用途によってはさらなる精度の向上が要求される場合がある。このような際に,図3.23(a)に示すドローベンチと呼ばれる引抜き装置により,外形よりやや小さな孔のダイに通し,その先端をチャックでつかんで引張り,ダイ孔形と同一断面の棒,形,管材を得る加工法を**引抜き加工** (drawing) という。特に,電線,針金,ピアノ線などの直径の小さな中実材を,図(b),図(c)に示す伸線機を用いて引抜きを行う加工を**線引き** (wire drawing) と呼ぶ。

引抜き加工を行うと,上述したような表面粗さや寸法精度の向上以外にも,機械的性質や被削性の向上,曲がりやねじれの矯正も行うことができる。

68 3. 塑 性 加 工

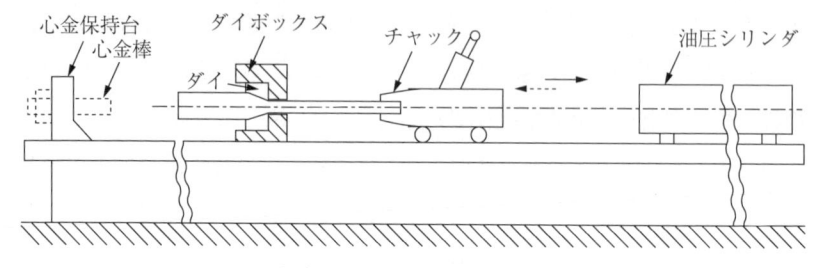

(a) ドローベンチ（油圧式）

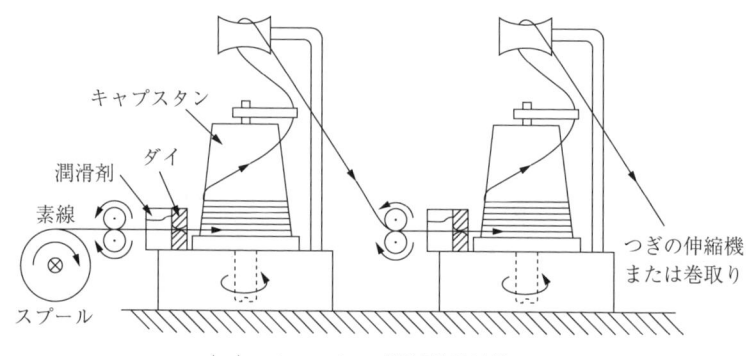

(b) ノンスリップ形連続伸線機

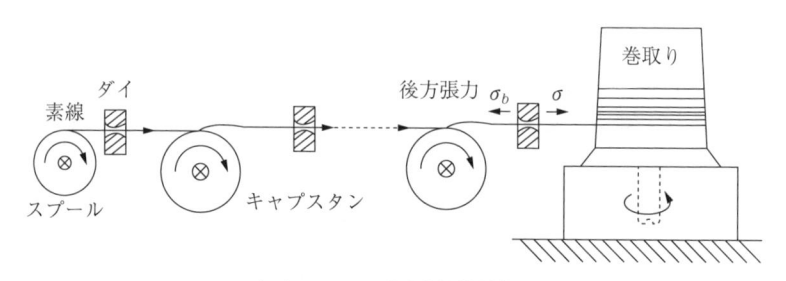

(c) スリップ形連続伸線機

図 3.23 代表的な引抜き機械（村川正夫ほか：塑性加工の基礎，p.70，産業図書（1988）より転載）

〔2〕 **引抜き加工の分類**　引抜き加工は，製品形状から中実材と中空材の加工に大別でき，図 3.24 に示すような引抜き方式に分類できる。図(a)は中実棒や線の引抜き方式である。図(b)〜図(e)は管の引抜き方式である。これらのうち，図(c)や図(e)の加工では管の長さの限度が数メートルであり，

3.2 板・棒・管の製造

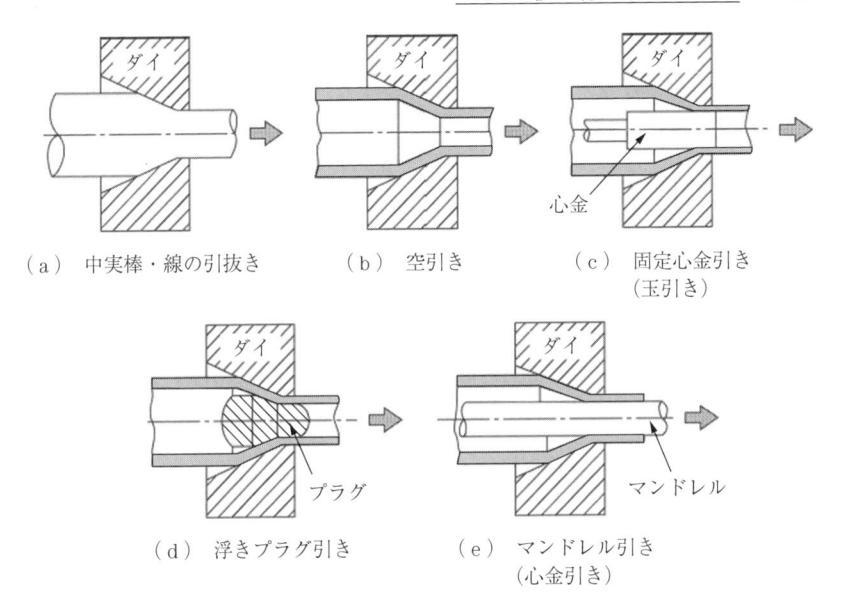

(a) 中実棒・線の引抜き
(b) 空引き
(c) 固定心金引き（玉引き）
(d) 浮きプラグ引き
(e) マンドレル引き（心金引き）

図 3.24 棒・線・管の引抜き方式（村川正夫ほか：塑性加工の基礎，p.64，産業図書（1988）より転載）

それ以上の長尺管の加工は困難であるが，図(d)の浮きプラグ引きでは長尺管の加工が可能である。

〔3〕 **引抜き工具** 引抜き加工には，図 3.25 に示すようなコニカルダイが一般に広く用いられる。ダイはニブとこの周囲のケースからなり，ダイの耐摩耗性と破損寿命向上のために焼きばめ処理が施されている。ダイは被加工材や潤滑油の導入をスムーズに行うためのベル，加工を行うアプローチ，そして

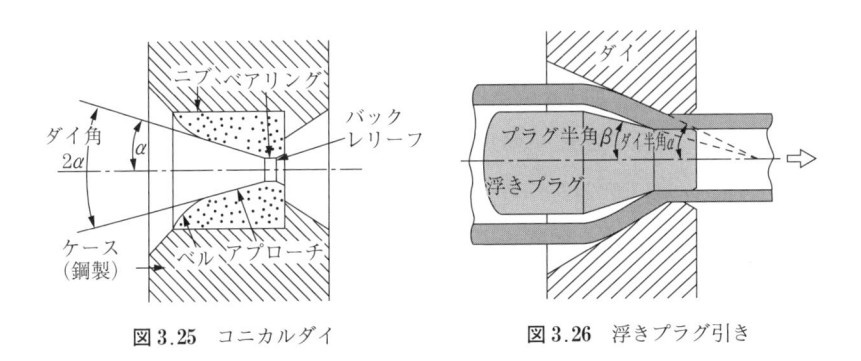

図 3.25 コニカルダイ

図 3.26 浮きプラグ引き

引抜き後の直径を決定するベアリング部の三つの部分に分けられる。ニブは加工中高い圧力を受けるため，耐摩耗性に優れる，超硬合金，セラミックス，焼結ダイヤモンドなどが用いられる。

長尺管の引抜きが行われる浮きプラグ引きでは，図3.26に示すように，引抜き時の摩擦力と加工によるプラグ反力がつり合い，プラグは管内で安定保持される。このような加工に用いられるダイの半角は $α=13°$ 程度に，またプラグ半角は $α$ よりやや小さな $β=11°$ 程度に設定される。また，心金引きにおいても，心金の先端は浮きプラグとほぼ同様の形状のものが用いられる。

3.3 製品・部品の製造

3.3.1 せん断加工

〔1〕 せん断加工の概要　せん断加工（shearing）は，製鉄所内における板や棒などの素材の切断から，微細精密部品の打抜きや穴あけにまで，広く用いられている切断加工技術である。この理由は，砥石やのこぎり刃による切断，切削やレーザなどによる切断や穴あけに比べ高能率であること，さらにはその対象材料が鉄鋼材料や非鉄材料をはじめ各種機能材料に至るまで，ほとんどの工業材料に適用できるためである。

本書では，プレス機械に取り付けられた金型という工具を用いて行われる，板材のせん断加工を中心に説明する。

図3.27にプレス機械によるせん断加工の分類を示す。抜き落とされるものが製品になり穴側がスクラップになる加工を**打抜き加工**（blanking）といい，逆に穴側が製品になる加工を**穴あけ加工**や**穴抜き加工**（punching, piercing）という。特に，直径が被加工材の板厚以下の小さな穴をあける加工を小穴抜きと呼ぶ。板材の加工には，これらのほかにも，二つの部材に切り離す**分断**（parting），せん断荷重を低減させるためにシヤー角を設けた工具により広幅の材料を切断する**シヤーリング**（shearing），板材の一部分を切欠く**切込み**（notching），そして深絞り加工などで成形されたものの不要な縁部を切除する

3.3 製品・部品の製造　71

(a) 打抜き　　(b) 穴あけ, 穴抜き　　(c) 分　断

(d) シヤーリング　　(e) 切込み　　(f) 縁取り

図 3.27　プレス機械によるせん断加工の分類

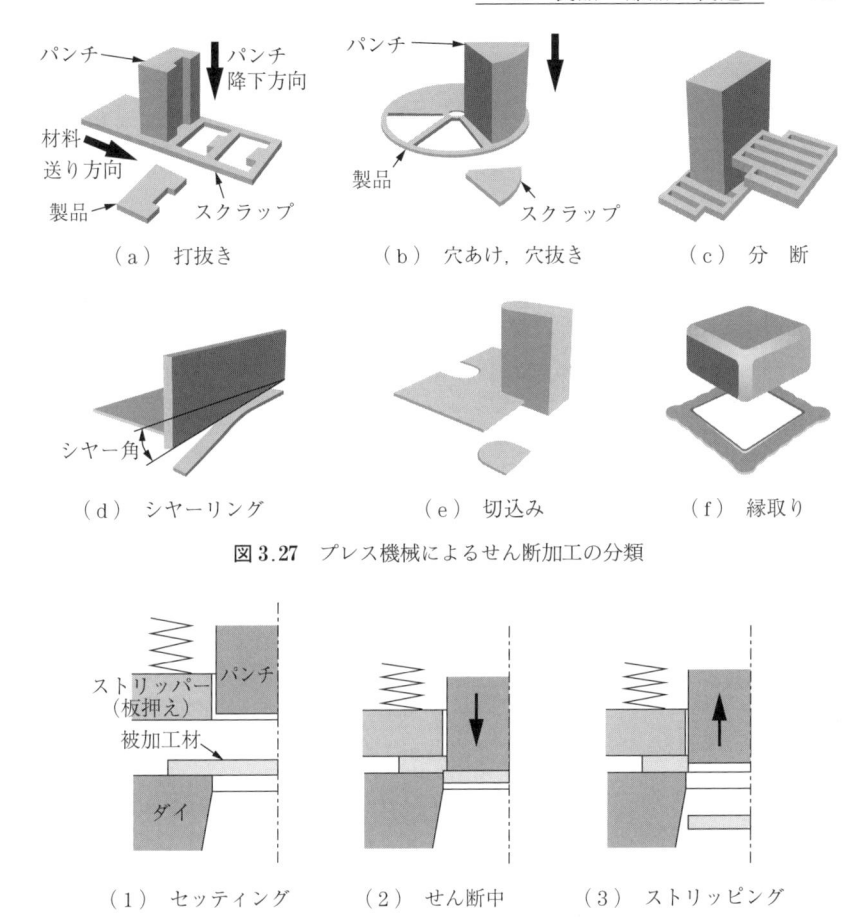

(1) セッティング　(2) せん断中　(3) ストリッピング

図 3.28　せん断加工工具とその働き

縁取り (trimming) などがある。

〔2〕 **加 工 原 理**　一般のせん断加工では，図 3.28 に示すようなパンチ，ダイと呼ばれる工具のほか，せん断中の材料の跳ね上がり防止や，せん断後に穴側材料をパンチから取り除くため，**ストリッパー** (stripper) または**板（材料）押え** (blank holder) と呼ばれる工具を用い，打抜きや穴あけなどの加工が行われる。

〔3〕 **せん断切口面**　せん断加工により得られる切口面は，図 3.29 のよ

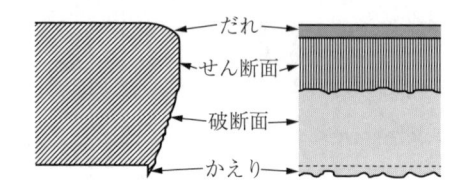

図 3.29 せん断加工により得られる切口面

うに，**だれ**（shear droop），**せん断面**（burnished surface, sheared surface），**破断面**（fractured surface），**かえり**（burr）から構成される。

だれは，せん断途中に材料表面に作用する引張力により，材料が引き込まれるために発生するものである。

せん断面は，パンチとダイの材料への食い込みにより生成された面であり，切削面に近い平滑な切口面である。

破断面は，クラックの発生により生成された破面であるため，一般にせん断面に比べ凹凸の大きな切口面である。

かえりは，材料分離時に発生するクラックがパンチとダイの刃先ではなく，ややこれら工具刃先よりずれた位置から発生するため，工具側面側に位置していた材料の一部が分離後に突起状に切口面に発生したものである。一般のせん断では，このかえりの発生は避けられないものであり，工具の刃先や側面の摩耗が大きくなると，このかえりはより大きくなる。

〔4〕 **せん断荷重とせん断仕事** せん断加工時に使用する金型の設計や，加工に用いるプレス機械を選定する際には，せん断荷重やせん断仕事の概算による見積りが不可欠である。図 3.30 に示すせん断荷重 P_m は，式(3.1)により概算することができる。この式内の τ_s は**せん断抵抗**（shearing resistance）と呼ばれる値で，加工される材料の材質や硬さにより異なるが，一般には，**表 3.1** に示す値が用いられる。なお，τ_s が不明な場合は，τ_s を材料の引張強さの80％と見積もって概算する場合もある。

$$P_m = t\, l\, \tau_s \tag{3.1}$$

ただし，t：被せん断材の板厚，l：せん断輪郭長さ，τ_s：被せん断材のせん断抵抗

3.3 製品・部品の製造

表3.1 各種材料のせん断抵抗[2]

材 料	せん断抵抗 τ_s〔MPa〕	材 料	せん断抵抗 τ_s〔MPa〕
すず	20～40	鋼 0.1％C	250
アルミニウム	70～110	鋼 0.2％C	320
ジュラルミン	220	鋼 0.3％C	360
亜 鉛	120	鋼 0.4％C	450
銅	180～220	鋼 0.6％C	560
黄 銅	220～300	鋼 0.8％C	720
青 銅	320～400	鋼 1.0％C	800
洋 銀	280～380	けい素鋼板	450
深絞り用鋼板	300～350	ステンレス鋼板	520
鋼 板	400～500	ニッケル	250

せん断仕事（エネルギー）W は，材料分離を行うために要する仕事量を表す値であり，図3.30に示す荷重-ストローク線図の斜線部の面積に相当する。せん断仕事 W は式(3.2)により概算することができる。

$$W = \frac{m\,t^2\,l\,\tau_s}{1\,000} \; 〔\text{kg}\cdot\text{m}〕 \tag{3.2}$$

ただし，m：補正係数（表3.2参照），t：被せん断材の板厚，l：せん断輪郭長さ，τ_s：被せん断材のせん断抵抗

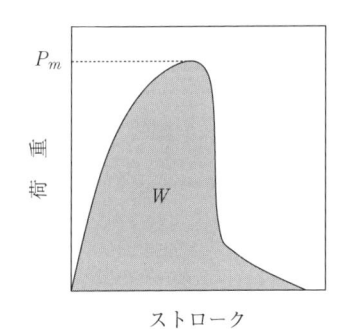

図3.30 荷重-ストローク線図

表3.2 各種材料の補正係数 m 値[3]

材 質	m
アルミニウム（軟）	0.76
銅（軟），黄銅（軟） 軟鋼（0.2％C以下）	0.64
アルミニウム（硬） 軟鋼（0.2～0.3％C），銅(硬)	0.50
ばね鋼，黄銅（硬） 鋼板（0.3～0.6％C）	0.45
鋼板（0.6％C以上）	0.40
圧延硬質材	0.30

〔5〕 **クリアランスの影響**　パンチとダイ間の**クリアランス**（clearance：C）の大きさは，クラック発生の難易さや発生時期を大きく左右するため，切口面性状，せん断荷重，およびその他の製品精度に大きな影響を及ぼす。

74   3. 塑 性 加 工

一般には，パンチとダイの刃先近傍から発生するそれぞれのクラックがスムーズに成長し会合が行われるという観点から，**表 3.3** に示すような値が適正クリアランスとして推奨されている。

表 3.3 各種材料の適正クリアランス[2]

材　質	C 〔%t〕	材　質	C 〔%t〕
純　鉄	6〜9	銅，黄銅	6〜10
軟　鋼	6〜9	アルミニウム（硬質）	6〜10
硬　鋼	8〜12	アルミニウム（軟質）	5〜8
けい素鋼	7〜11	アルミニウム合金（硬質）	6〜10
ステンレス鋼	7〜11	鉛	6〜9
洋白，りん青銅	6〜10	パーマロイ	5〜8

注 1)　板厚 $t \leq 3$ mm。
注 2)　切口面が板面に垂直であることを望む場合はこの値の 1/3 程度に小さくする。
注 3)　かす上がりが発生する場合はこの値より小さなクリアランスを選ぶ。

図 3.31 は，各種クリアランス条件でせん断された切口面の模式図である。

　一般的傾向としては，クリアランスが大きい場合は，だれやかえりが大きくなり，せん断面の割合が減少する。また切口面の板面に対する直角度も悪くなる。適正なクリアランスでせん断された切口面は，大きい場合に比べせん断面の割合が増加し，直角度が向上し，だれやかえりが減少する。そしてさらにクリアランスが小さくなると，せん断面の割合が急増し，二次せん断面が発生するようになる場合がある。クリアランスが小さい条件でせん断された切口面は，一般にだれが少なく，直角度も優れていることから，一見良好な切口面に

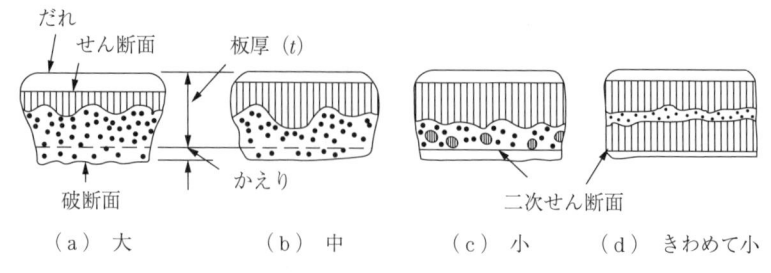

　　(a) 大　　　　(b) 中　　　　(c) 小　　　(d) きわめて小

図 3.31　各種クリアランス条件（大，中，小，きわめて小）でせん断された切口面の模式図

思えるが，切口面内部にクラックが停留したり，工具摩耗が大きくなるなどの問題が発生する場合がある．

　また，前述したように，クリアランスが小さくなるとかえりは小さくなるが，クリアランスが過小の場合には材料分離後に切口面が工具側面によりこすられ，かえりが逆に大きくなる場合がある．

〔6〕 **精密せん断**　　せん断加工は材料を破断分離させる加工であるため，この加工により得られる切口面は，必ずしも高精度とは言い難い．すなわち，切口面に発生する破断面やかえりを低減または完全になくしたいという要望や，切口面の直角度を高めたいといった要望などがある．

　これら要望に対応するため，これまでさまざまな精密せん断法が開発されている．これらは，**表3.4**に示すように，かえりのない切口面を得るためのかえりなしせん断法と，切口面の全域にわたり平滑な切口面を得るための精密せん断法に大別できる．太字で表した精密せん断法の概要を以下に説明する．

表3.4　精密せん断法の分類

精密せん断法	かえり発生のない切口面を得るための精密せん断法	**上下抜き法，平押し法，**カウンターブランキングばり寄せ打抜き法，対向ダイスせん断法，カウンターカット法，ロールスリット法，ロールブランキング
	全面が平滑な切口面を得るための精密せん断法	**シェービング，ファインブランキング，**仕上げ抜き法，対向ダイスせん断法，拘束せん断法，軸圧縮せん断法，加熱せん断法，高速せん断法（平滑な破断面を生成），ナイフ刃切断

1）　上下抜き法　　上下抜き法は，切口面上下の角部にだれを形成することで原理的にかえり発生のない切口面を得るための精密せん断法であり，**図3.32(a)**に示すような工程で加工が行われる．まず，被加工材にある程度の工具食い込みを与えた後に加工を中断する（第1工程）．つぎに，第1工程で用いたダイ穴内に設置したパンチと，第1工程パンチの周りに位置するダイにより半抜きされた部分を押し戻す（第2工程）．これにより，図(b)に示すようなかえり発生のない切口面を得ることができる．

2）　平押し法　　上下抜きでは小さなクリアランスの設定が不可欠であ

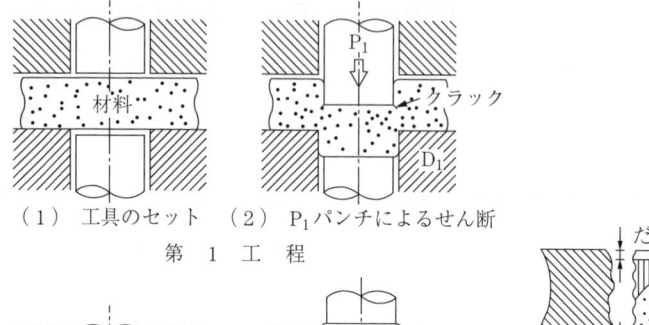

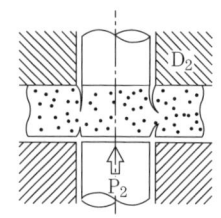

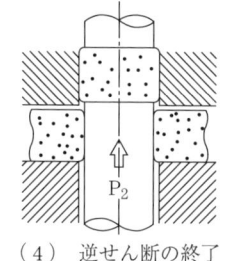

(1) 工具のセット　(2) P_1パンチによるせん断

第 1 工 程

(3) P_2パンチによる逆せん断　(4) 逆せん断の終了

第 2 工 程

(a) 上下抜き加工工程

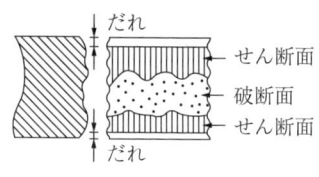

(b) 上下抜きにより得られる切口面

図 3.32　上下抜き法の加工原理と切口面（前田禎三：機械の研究, **10**, 1, p.140, 養賢堂 (1958) より転載）

り，また順送型を用いる場合は，材料の高い位置決め精度を必要とするなどの問題がある。そこで，これらの問題を解決するために開発されたのが平押し法である。この加工法は，**図 3.33** に示すように，半抜き（第1工程）後に平板により半抜き部分を押し戻し材料分離を行うことで，かえり発生のない切口面を得るものである。

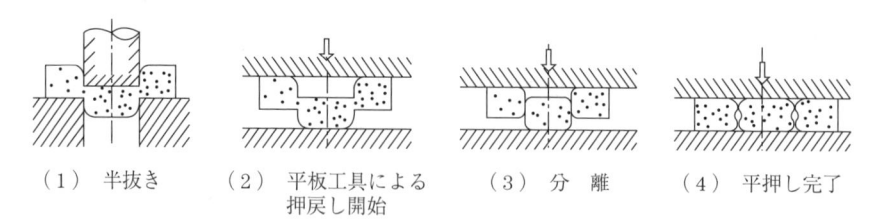

(1) 半抜き　(2) 平板工具による押戻し開始　(3) 分　離　(4) 平押し完了

図 3.33　平押し法の加工原理（牧野育雄：プレス技術, **13**, 5, p.93, 日刊工業新聞社 (1975) より転載）

3) **シェービング**　図3.34に示すように，例えば，打抜き品の切口面の凹凸部を削り取ることで，平滑な切口面を得る加工法である。この加工では，パンチとダイのクリアランスを0.02 mm程度と小さくし，切削的機構により切口面を仕上げるため，削れる材料であれば，この加工による仕上加工が可能である。しかし，切削加工における切込みに相当するシェービング削り代（しろ）が大きくなったり，材料の厚みが増すと，うろこ状の破断面が発生したり，加工終期に破断面が発生するようになるため，適正な取り代の設定が不可欠である。

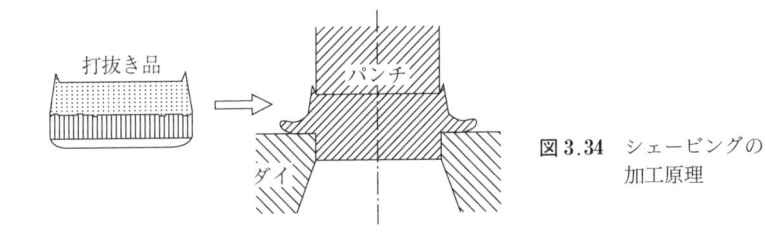

図3.34　シェービングの加工原理

4) **ファインブランキング（精密打抜き）**　ファインブランキングは，図3.35に示すような方法で，被加工材のせん断変形部に大きな圧縮応力を作用させることでクラックの発生を抑制し，全面平滑な切口面を得ることができる代表的な精密せん断法である。従来，切削加工で製作されていた自動車部品などが，このファインブランキングで製作できるようになり，製造コストの低減に大きな貢献をもたらしている。

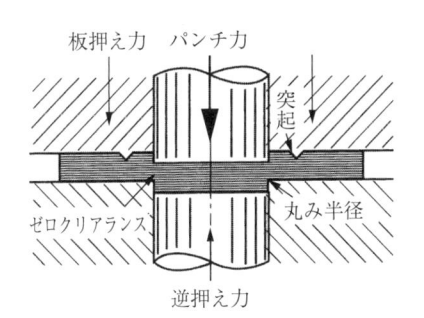

図3.35　ファインブランキングの加工原理

ファインブランキングでは加工中の材料にクラックが発生しないため，加工途中でプレスを停止させれば，段差やボスなどの成形も行える。また，図

3.36に示すような順送金型を用いた加工を行えば，リブ加工と穴あけや打抜きなどを同一金型内で行う複合加工が可能になる。

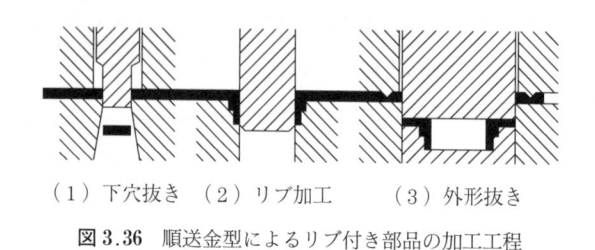

（1）下穴抜き　（2）リブ加工　（3）外形抜き

図3.36　順送金型によるリブ付き部品の加工工程

3.3.2　曲げ加工

〔1〕**曲げ加工の概要**　曲げ加工（bending）は，小物部品の加工から，大形機器の筐体の製造にまで広く用いられている加工法である。曲げ加工の対象となる素材は板だけではなく，棒，管，形材も対象となる。

曲げ加工は，一般に加工の形式から，図3.37に示すように分類される。図（a）の突き曲げは，パンチとダイを汎用のプレス機械またはプレスブレーキと呼ばれる曲げ専用機に取り付け加工を行う方法で，上下一対の金型工具を用いることから**型曲げ**（die bending）と呼ばれている。

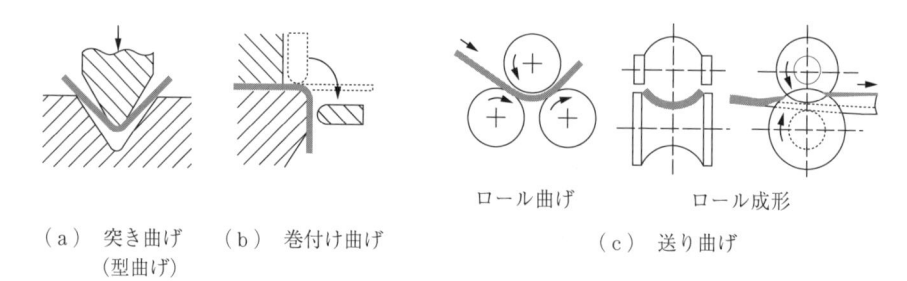

(a)　突き曲げ　　(b)　巻付け曲げ　　ロール曲げ　　ロール成形
　　（型曲げ）　　　　　　　　　　　　　　(c)　送り曲げ

図3.37　曲げ加工の分類

この型曲げ加工は，図3.38に示すように，曲げられる製品の形状から，V曲げ，L曲げ，U曲げに分類される。

図3.37(b)に示す**巻付け曲げ**（folding, wiper forming）は，型に沿って

(a) V曲げ　　(b) L曲げ　　(c) U曲げ

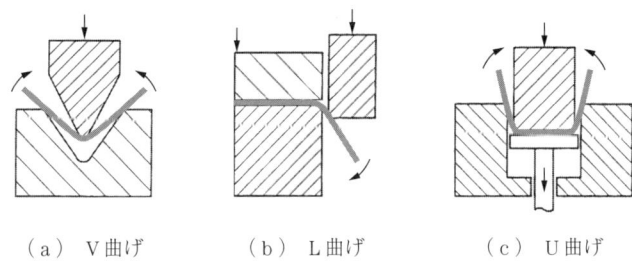

図 3.38　型曲げ加工の分類

回転移動する工具を備えた折りたたみ機を用いる加工法であり，管や形材などの曲げに多く用いられる．図(c)の送り曲げは回転するロール間に素材を挿入し，連続的に曲げ加工を行う方式で，3，4本のロールを用いて送り方向に曲げて円筒状の製品を作る**ロール曲げ**（roll bending）と，送り方向に並べた数組の成形ロールに帯板を通すことにより順次幅方向に曲げ，長尺の製品を製造する**ロール成形**（roll forming）とがある．

また，**図 3.39** に示すように，曲げ線の違い，すなわち曲げられた部分の変形の違いにより分類できる．曲げ線が直線の場合は，材料は単純な曲げ変形のみとなる．しかし曲線の場合は，曲げ変形のほかにフランジ部は曲げ線方向に引張りまたは圧縮変形を受ける．引張変形を受けるものを**伸びフランジ成形**（stretch-flanging），圧縮変形を受けるものを**縮みフランジ成形**（shrink-flanging）と呼ぶ．

(a) 曲げ（直線曲げ）　　(b) 伸びフランジ成形　　(c) 縮みフランジ成形

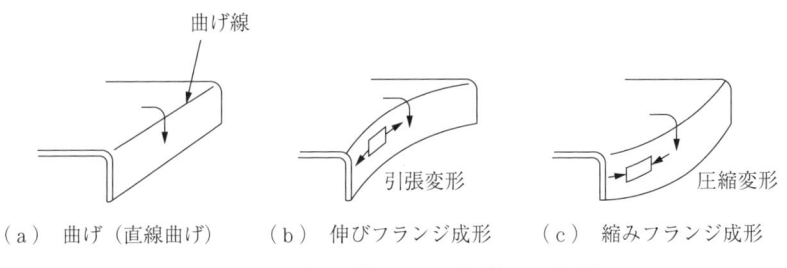

図 3.39　曲げ線の違いによる曲げ加工の分類

〔2〕 **曲げ変形と加工限界**　板に曲げ変形を与えると，図3.40に示すように外表面側の材料は曲げ線直角方向に伸ばされ，内表面側は縮められる。そして，板厚のほぼ中央付近に伸び縮みが生じない**中立面**（neutral plane）が存在する。

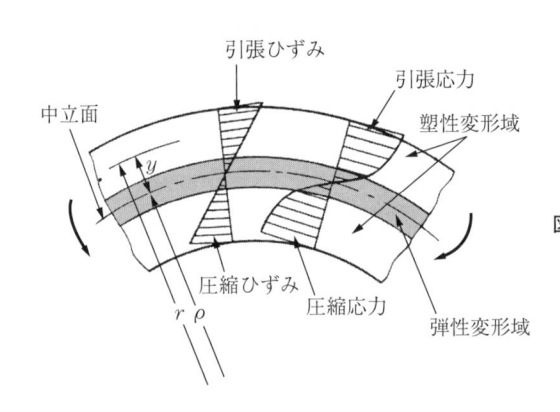

図3.40 板厚断面内の応力とひずみ分布（村川正夫ほか：塑性加工の基礎，p. 98，産業図書（1988）より転載）

中立面の曲率半径を ρ とすると，この面から y だけ離れた曲率半径 r の面に生じる円周方向ひずみ e は，式(3.3)により求めることができる。

$$e = \frac{r-\rho}{\rho} = \frac{y}{\rho} \tag{3.3}$$

すなわち，ひずみの大きさは中立面からの距離に比例し，中立面の曲率半径に反比例する。したがって，円周方向ひずみは外表面と内表面で最大になり，曲げ半径が小さいほど大きくなる。

このように，曲げ加工では外表面に最大の引張変形が生じるため，この部分が材料の引張変形限度を超えると，材料の表面にくびれや肌荒れを起こし，そして，図3.41に示すような割れが入り加工限界に至る。このような割れが発生することなく曲げ加工が行える最小の内側半径を，**最小曲げ半径**（minimum bending radius：$r_{\min}$）という。実用上の比較値として，板厚との比 $r_{\min}/t_0$ を用いることが多い。表3.5に代表的な材料の最小曲げ半径を示す。

〔3〕 **曲げ成形における諸現象**　曲げ加工された製品の曲げ部の板厚は，素材板厚より薄くなる。また，曲げ部の周方向長さが変形前より長くなるた

3.3 製品・部品の製造

表 3.5 代表的な材料の最小曲げ半径

材料	r_{min}/t_0	
	軟質材	硬質材
冷間圧延鋼板	0 ～0.4	0.2～0.8
18-8ステンレス鋼	0.5～1.0	1.0～1.8
純アルミニウム	0 ～0.2	0.3～0.8
銅	0 ～0.2	1.0～2.0
黄銅	0 ～0.5	2.0～12

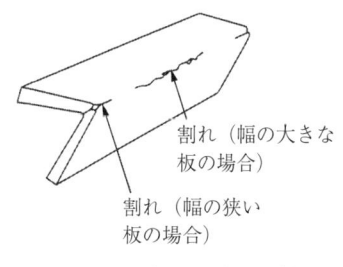

図 3.41 曲げ部に発生する割れ

め，この分を見込んだ曲げ長さの予測が必要である．また幅方向には，図 3.42 に示すように外表面では縮み変形が，内表面では伸び変形が生じる．このため，そりが発生する．さらに，曲げ線が直線以外の場合には，ねじれが発生しやすくなる．

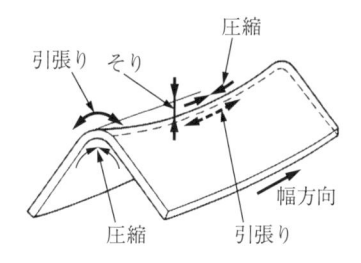

図 3.42 曲げ加工によって生じるそり

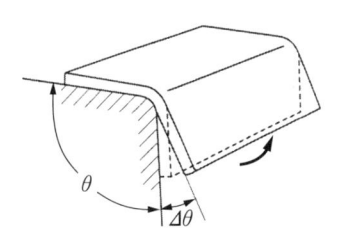

図 3.43 スプリングバック

θ の曲げ角度に加工された製品を取り出すと，弾性回復により曲げ部の曲率半径や角度が変化する．この現象を**スプリングバック**（spring back）という（図 3.43）．このスプリングバックによる角度の変化量 $\Delta\theta$ は，弾性係数が小さい材料や変形抵抗の大きな材料ほど大きくなる．また，周方向ひずみが大きいほど，すなわち曲げ半径が小さく，板厚が厚いほど小さくなる．

このスプリングバック量を積極的に低減させるための加工法として，曲げ線と直角な方向に引張力を作用させながら曲げる引張曲げや，板厚方向に強制的に加圧するなどの加工法がある．

〔4〕**管の曲げ加工**　管（パイプ）の曲げ加工法には，プレス曲げ，引き曲げ，ロール曲げ，押通し曲げなどがあるが，いずれの加工法においても，つ

ぶれ変形が発生しやすく，内側にしわが発生しやすいことから，これまでにもさまざまな加工法が考案されている。その一部を以下に紹介する。

図3.44は，半丸の溝をもつ曲げ型と締付け型でクランプし，曲げ型を回転させ，曲げ型と圧力型との間で管を曲げる，比較的作業能率の高い引き曲げ加工である。**図3.45**は，押通し曲げの一種で，管を管の中心軸と少しずらしたダイ内に押し通すことで三次元的な曲がり管を製造することができる，MOS曲げ加工である。

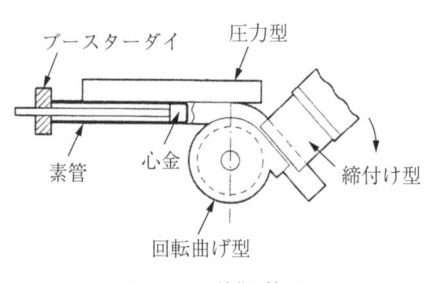

図3.44 引曲げ加工

図3.45 MOS曲げ加工（日進精機(株)カタログより転載）

3.3.3 深絞り加工

〔1〕 **深絞り加工の概要**　安価な素材である金属薄板から，継目のない容器状の製品や部品を成形するための加工法が**深絞り加工**（deep drawing）である。多くの自動車用部品や家電品の部品がこの加工法により製造されている。深絞り加工は，**図3.46**に示すように，ダイ面上の素板フランジ部を円周方向に縮ませ，半径方向に伸ばしながらダイ穴内部へ流入させ，**図3.47**の板成形加工の分類（a）に示すような容器状の成形品を得る加工法である。

継目のない浅い容器や張出し部を成形する加工法に**張出し加工**（stretching，図（b））がある。また，素板の端部を曲げてフランジ（つば）を成形する，**伸びフランジ加工**（stretch flanging，図（c））がある。これらの加工では，深絞り加工とは異なる材料の変形がなされる成形法であるため，区別して

図 3.46　深絞り加工[4)]

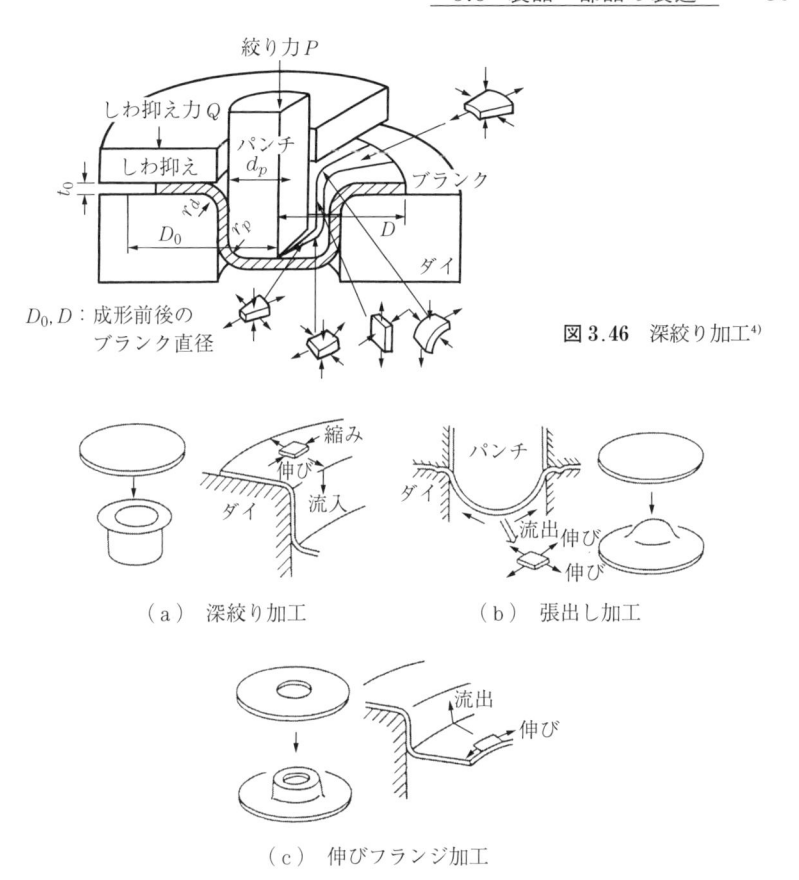

D_0, D：成形前後のブランク直径

（a）深絞り加工　　（b）張出し加工

（c）伸びフランジ加工

図 3.47　板成形加工の分類（プレス成形難易ハンドブック：日刊工業新聞社（1987）より転載）

理解する必要がある。

〔2〕 **深絞り変形とパンチ力**　深絞り加工では，それぞれの部位において異なった変形がなされ，目的の形状に板材が成形される。

図 3.48 に示すように，フランジ部においてはパンチによる半径方向の引張力によりダイ穴に材料が移動する。そのとき円周方向に材料を縮ませようとする圧縮力が働く。

ダイ肩部では，材料は半径方向に引張力が作用した状態で，円周方向の縮み変形と半径方向の曲げ変形を受け，板厚を減少させながら側壁部を形成する。

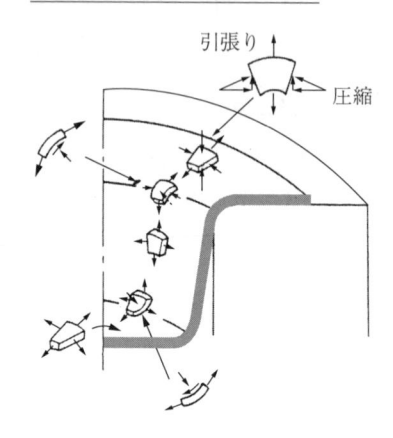

図3.48 深絞り加工において作用する応力

　側壁部は，フランジ部およびダイ肩部での絞り抵抗と摩擦抵抗，さらにはダイ肩部の曲げ抵抗に打ち勝つパンチ力をフランジ部に伝える役目を持つ。したがって，この力により半径方向に引張変形を受ける。

　パンチ肩部では，材料はパンチ肩部に作用する半径方向の引張力によりパンチ肩部に押し付けられながら底部から側壁部へ移動する。そのため，引張変形に加え曲げ変形を受け，板厚が大きく減少する。

　底部においては，中心から半径方向に引張力が作用するため，二軸引張変形状態となり，板厚が薄くなりながらパンチ肩部方向に移動する。すなわち，張出し変形を受ける。

　このような変形を行うために必要なパンチ力は，材料に作用するフランジおよびダイ肩部における絞り抵抗と工具上を移動するときの摩擦抵抗，さらにはダイ肩部での曲げ抵抗の総和である。

　円筒容器の深絞り加工における**最大パンチ力** $P_{\max}$ は，式(3.4)により概算することができる。

$$P_{\max} \leqq \pi d_p t_0 \sigma_B \tag{3.4}$$

ただし，t_0：被加工材の板厚，d_p：パンチ直径，σ_B：被せん断材の引張強さ

〔3〕**加工限界**　　深絞りの加工限界は，材料破断やしわなどの形状不良の発生により決まり，しわ抑え（押え）条件，素材形状，潤滑条件などにより影響される。

深絞り加工の成形の厳しさを表すものとして，素板直径 D_0 とパンチ直径 d_p との比が用いられ，D_0/d_p を **絞り比**（drawing ratio），d_p/D_0 を **絞り率**（drawing rate）と呼んでいる．加工が可能な最大の絞り比を **限界絞り比**（limiting drawing ratio，LDR）と呼んでいる．一般の鋼板の LDR は 1.8〜2.2 程度である．

〔4〕 **しわ抑えの影響**　深絞り加工では，フランジ部に生じる縮み変形により，成形品のフランジ部や側壁部にしわが発生しやすい．被加工材の板厚が厚く小さな絞り比で加工が行われる場合を除き，ほとんどの深絞り加工では，図 3.46 に示すような **しわ抑え**（blank holder）を用いて加工が行われる．このしわ抑えにより負荷するしわ抑え力が小さすぎるとしわが発生し，大きすぎると過剰な絞り力を誘発し材料破断の原因となる．すなわち，深絞り加工では，式(3.5)により算出した適正なしわ抑え力 F_H を負荷し加工を行わなければならない．

$$F_H = \frac{\pi}{4}\{D_0{}^2 - (d_p - r_d)^2\} P_H = \frac{\pi}{4}\{D_0{}^2 - (d_p - r_d)^2\} \cdot \frac{\sigma_Y - \sigma_B}{200} \qquad (3.5)$$

ただし，D_0：素板直径，d_p：パンチ直径，r_d：ダイ肩部半径，σ_Y：素板の降伏応力，σ_B：素板の引張強さ，P_H：フランジ部の単位面積当りの面圧（σ_Y と σ_B の平均値の 1%）

〔5〕 **クリアランス，工具寸法の影響**　深絞り加工によって得られた容器は，縁部に近づくに従い板厚が厚くなる．したがって，この板厚の増加を見込んでパンチとダイ間のクリアランスを設定しなければ，加工中に側壁部がしごかれ成形限界が低下する．しごかれることなく深絞り成形するためには，素板板厚の 1.1〜1.3 倍程度のクリアランスを設定しなければならない．

ダイ肩部半径 r_d が板厚 t_0 に比べて小さすぎると，曲げ部の板厚減少が大きくなり，成形限界が低下する．ただし，大きすぎると加工終期にしわ抑えによる拘束が行えなくなるため，容器縁部にしわが発生しやすくなる．一般的な r_d の推奨値の範囲は $(4〜6) t_0 \leq r_d \leq (15〜20) t_0$ とされている．

パンチ肩部半径 r_p についても，小さすぎると曲げ変形による板厚減少が大

きくなる．逆に大きすぎるとパンチ底部が二軸引張変形となり，同部の板厚減少が大きくなる．r_p の推奨値範囲は $(4～6)\,t_0 \leq r_p \leq (10～20)\,t_0$ である．

〔6〕**再絞り加工**　深絞り加工では，限界絞り比 LDR 以上の条件で成形が行えないため，容器深さに制限がある．このような場合に**再絞り加工**（redrawing）を行い，深い容器を製作する．再絞りの成形の厳しさを示す**再絞り比**（直前の加工に用いたパンチ直径 d_{p1}/加工に用いるパンチ直径 d_{p2}）は，1.2～1.4 程度である．

再絞りには，図 3.49(a)，(b) に示す**直接再絞り**（direct redrawing）と図 (c) に示す**逆再絞り**（reverse redrawing）とがある．直接再絞りでは工程途中で容器を反転させる必要がない．しかし，しわ抑え肩部とダイ肩部の 2 箇所で曲げ曲げ戻し変形を受けるので，逆再絞りに比べ絞り抵抗が大きくなる．逆再絞りでは工程の煩雑さはあるが，しわ抑えの肩部形状を半円形とすることによりしわ抑え肩部での曲げ曲げ戻し変形が 1 回ですむため，絞り抵抗が小さくなる．また，逆再絞りでは直接再絞りに比べ工具が簡素化できるという利点もある．

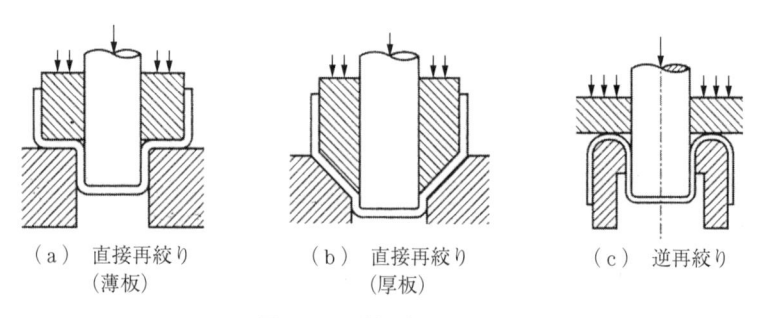

(a) 直接再絞り (薄板)　　(b) 直接再絞り (厚板)　　(c) 逆再絞り

図 3.49　再絞り加工の分類

〔7〕**しごき加工**　図 3.50 に示すように，深絞り加工により得られた容器を，その外径より小さな穴径のダイ内に挿入し，側壁部の板厚を積極的に減少させることで，深い容器を製造する加工が**しごき加工**（ironing）である．清涼飲料などの缶として用いられている 2 ピース缶（DI 缶）は，3 段に配置されたダイを順次通過させ，3 回のしごき加工を行う方法で製造されている．

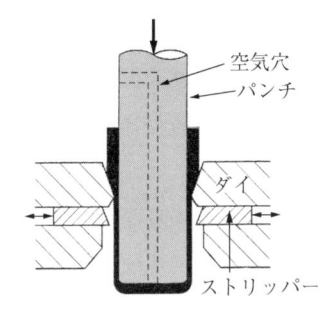

図3.50 しごき加工

〔8〕 **対向液圧深絞り法** 深絞り加工における成形限界の向上，金型コストの低減，さらには成形品精度の向上を目的とし，これまで多くの特殊な深絞り加工法が提案されている。これら特殊な加工法の一つに，対向液圧深絞り法がある。

図3.51に，この加工法の基本的な成形工程を示す。液体を満たしたダイを兼ねた液圧室内にパンチにより素板を絞り込み，目的の形状に成形する加工法である。すなわち，成形品の形状に応じたダイを必要としないため，金型コストの低減が期待できる。また，慣用の深絞り加工に比べ成形限界が向上し，1工程で複雑形状の製品が成形できる。さらに，成形品の外表面に接するのは液体であるため，成形品表面に傷が発生しないというメリットもある。

しかし，この加工法は数十秒の成形時間を要するため，大量生産には不向きであり，おもに試作や少量生産に活用されている。

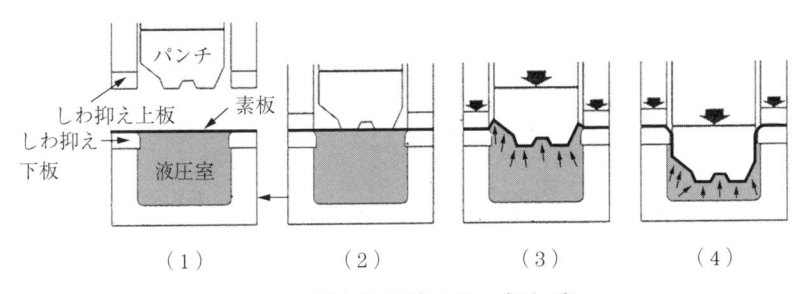

図3.51 対向液圧深絞り法の成形工程

3.3.4 鍛造加工

〔1〕**鍛造加工の概要**　丸棒などの金属素材に打撃力または圧縮力を負荷し，所定の寸法形状に成形するとともに，素材の材料特性の改善を目的とする加工法が**鍛造加工**（forging）である。

鍛造加工により，古くから装飾品や武具，農機具などが製作されていた。特に日本刀の生産においては，その技術はきわめて洗練されたものであった。

現在においても，自動車部品などの大量生産部品の加工には欠かせない加工法であり，エンジンのクランクシャフトやコネクティングロッドなどが製造されている。

製品の多様化に伴い，さまざまな鍛造加工法がこれまでに開発されており，その分類は，加工形式，作業温度，加工機械などによりなされる。

1）　加工形式による分類　図 3.52 に示すように，開放型を用いて材料を自由に変形させる**自由鍛造**（open die forging）と，図 3.53 に示すような成形

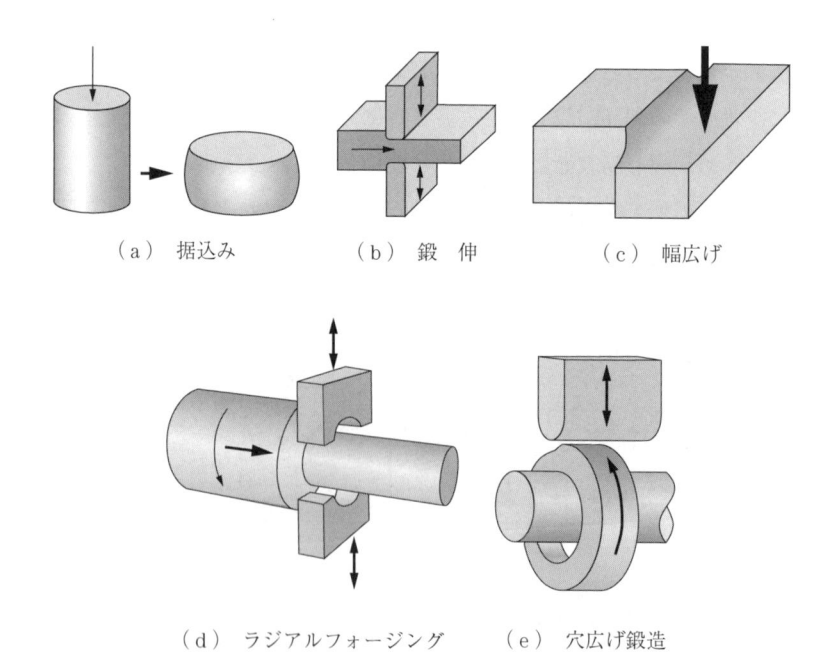

（a）据込み　　　（b）鍛伸　　　（c）幅広げ

（d）ラジアルフォージング　　　（e）穴広げ鍛造

図 3.52　自由鍛造の分類（湯川伸樹氏（名古屋大学）提供）

(a) 開放型　　　(b) 半密閉型　　　(c) 密閉型

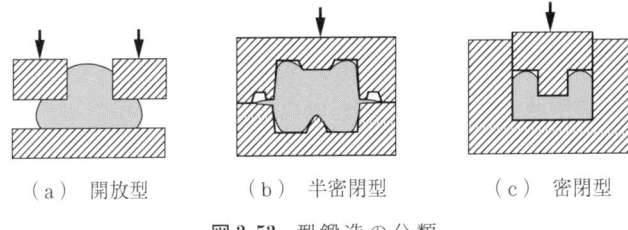

図3.53　型鍛造の分類

品の表面形状に合せた金型を用いる**型鍛造**（die forging）に分類できる．型鍛造では鍛錬効果が得やすいのはもちろんのこと，自由鍛造に比べて寸法精度の高い成形品を効率良く生産することができる．しかし，型鍛造は型の製作費用が高いことから，少量多品種生産には不向きである．

2）作業温度による分類　熱間加工と冷間加工に大別される．金属材料を再結晶温度以上に加熱して行う鍛造を**熱間鍛造**という．一般の金属では，加熱すると変形抵抗が急激に低下し延性が増す．熱間鍛造ではこの特性を利用した加工であり，加工荷重を低く抑えつつ，大きな変形を一度に与えることができる．また，熱間加工では再結晶温度以上に加熱した素材を鍛錬することで，組織の微細化や均一化，内部空孔の圧着などの材質改善の効果が顕著に得られる．

冷間鍛造（coldforging）は，室温で行う鍛造である．熱間鍛造のように表面に酸化膜の発生がない良好な表面性状の成形品が得られる．また加熱，冷却による寸法変化が少ないことから，後加工が簡素化されるなどの利点がある．すなわち，最終製品に近い形状の成形品の成形（ニアネットシェイプ成形）が可能である．しかし，熱間加工に比べ変形抵抗が大きく素材の延性が乏しいため，加工荷重が大きい．このため，大形の設備が必要となったり，大きな荷重による金型の破損などが生じやすい．したがって，冷間鍛造に用いられる素材は変形抵抗が小さく，室温での延性に富む材質に限られる．

再結晶温度以下の温度で加工を行う鍛造を**温間鍛造**（warm forging）という．熱間鍛造と冷間鍛造のそれぞれの長所を生かすことを目的とする加工法である．

また，ニッケル合金やチタン合金など，特定の温度域で延性が増す（超塑性を示す）材料の鍛造を行う場合など，材料を特定の温度に保った状態で加工を行う鍛造を**恒温鍛造**（isothermal forging）と呼ぶ。

〔2〕**鍛　造　比**　鍛造における変形の程度を表すのに鍛造比（鍛錬成形比）が用いられる。これは鍛造による材質の改善性を示す値で，図3.54に示すような変形の場合，式(3.6)により求めることができる。

$$鍛造比 = \frac{A_0}{A} \text{ または } \frac{L}{L_0} \tag{3.6}$$

ただし，A_0：変形前の断面積，A：変形後の断面積，L_0：変形前の軸方向長さ，L：変形後の軸方向長さ

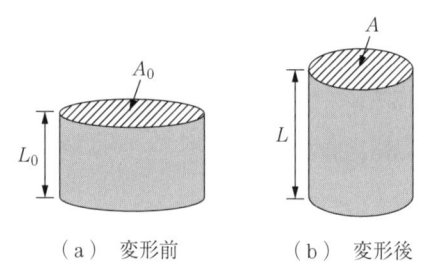

（a）変形前　　　（b）変形後

図3.54　鍛造前後の形状

この鍛造比が3～4になると，絞り，伸び，衝撃値などのじん性値が顕著に改善されるため，この程度の鍛造比で加工が行われる場合が多い。しかし，これ以上の鍛造比で加工が行われると，横方向のじん性が低下する。

〔3〕**鍛　造　温　度**　材料の変形抵抗が高温になるほど小さくなるが，高くなりすぎると材料がオーバーヒートを起こし，結晶粒が粗大化し脆性化するため，鍛造が行えなくなる。また，低すぎると残留応力が残存し，内部割れが発生しやすくなる。このため，再結晶温度よりやや高めの，表3.6に示すような温度で加工を行い，内部ひずみを残さないようにする必要がある。

〔4〕**鍛　造　機　械**　鍛造加工には，衝撃荷重で加工するハンマー，動的荷重で加工する機械プレス，静的荷重で成形する液圧プレスのいずれかが利用される。

表3.6 鍛造温度

材　質	加熱温度〔℃〕	鍛造終了温度〔℃〕	材　質	加熱温度〔℃〕	鍛造終了温度〔℃〕
0.1％C炭素鋼	1 350	850	高速度鋼	1 200	1 000
0.3％C炭素鋼	1 290	850	アルミニウム	450	300
1.1％C炭素鋼	1 080	850	銅	870	750
ステンレス鋼	1 250	900	4/6黄銅	750	620
工具鋼	1 150	900	マグネ合金	400	280

ハンマーは古くから鍛造加工に使用されている機械で，ラムの自由落下による衝撃荷重で材料に変形を与える機械である。自由落下式のドロップハンマーはおもに小形部品の型鍛造に，空気ハンマーや蒸気ハンマーは自由鍛造に使用される場合が多い。

機械プレスには，クランクプレスやフリクションプレスがある。クランクプレスはおもに小形，中形鍛造部品の大量生産に適している。フリクションプレスは繰り返して圧縮力が負荷できるという特長を有している。

液圧プレスは，騒音や振動が少ないことから，作業環境の改善には大きな貢献をもたらす。また，加圧能力が高いため，薄肉で大面積の成形品の加工に適しているが，ストローク数が少ないため，大量生産には不向きである。

演習問題

【1】 板厚 $t=3$ mm の軟鋼板から，直径 40 mm の円板を打ち抜く場合の最大せん断荷重を求めよ。この場合，軟鋼板のせん断抵抗は $\tau_s=320$ MPa とする。

【2】 直径 $D_0=200$ mm の円板から内径 70 mm の円筒容器を，深絞り（初絞り）加工と再絞り加工で製作する場合の工程数（初絞り工程も含む）を求めよ。この場合，初絞り時の絞り比は $DR=1.8$ とし，再絞り時の再絞り比は $RDR=1.2$ とする。

4 鋳 造 加 工

4.1 鋳造加工の概要

　金属の加工法の中で最も古い歴史を有するのが**鋳造加工**（casting）であり，紀元前4000年にメソポタミヤ地方で銅合金の「やじり」を製作したのが始まりといわれている。その後，青銅による刀剣などの製造が盛んになり，青銅器文明，鉄器文明と続くことになる。わが国においても紀元前2世紀には青銅製の銅鐸が製作されており，745〜757年にかけて奈良の大仏の鋳造が行われている。

　このように，複雑形状の銅鐸や大仏のような大形構造物を比較的簡単な設備で製作可能な鋳造加工は，近代産業にも不可欠な技術である。

　鋳造で製造される製品には，事務機，家電製品の部品から，複雑な冷却水路を有するエンジンのシリンダーブロック，自動車のアルミホイール，工作機械のベース部分，水道管，大形タンカーのスクリュー，重さ100トンを超える水力発電用の羽根車などがある。このように鋳造加工は，小形から超大形部品，大量生産品から特注の一品生産品まで，材質的にもほぼすべての金属材料が対象となるなど，きわめて適用範囲の広い技術であることがわかる。

　しかし，鋳造製品（鋳物）の製造工程は，模型製作から始まり，砂型の製作，金属の溶解と鋳込み，最終の仕上げ加工と複雑である。このことは，欠陥のない製品を安定して製造するためには多方面の知識が必要となることを意味している。溶融金属を扱う鋳造加工は，機械工学と金属工学の中間に位置する

技術であるが，そのほかにも鋳型内部に溶融金属が流れ込むことから流体工学や溶融金属の凝固に伴う熱変形や割れの解明のために，伝熱工学などの知識も必要である。

溶融金属の粘度と表面張力

日常生活で扱う液体は，一般には水あるいはその水溶液と潤滑油程度であり，溶融金属を扱う機会はきわめて少ない。鋳造により複雑形状の製品が製造可能な理由は，溶融金属が水よりもさらさら（粘度が低い）していながら表面張力が大きいために砂の隙間にしみ込まないからである。

子供時代，砂場に作った水路に水を流すと砂にしみ込んでしまうことは体験済みであろう。しかし，そこに溶融金属を流し込めば，水よりも容易に複雑な水路を流れ，なおかつ砂にしみ込まずに凝固して，砂場に描いた水路を転写した鋳造品を得ることができる。

表 4.1におもな溶融金属の動粘度と表面張力を，水，エンジンオイルと比較して示す。液体の粘性は物理学的には粘性係数 η で示すが，鋳造のように流動する現象を扱う場合は，粘性係数を密度 ρ で除した動粘性係数 ν が支配的となる。すべての溶融金属（融点の 1.2 倍程度の温度のとき）は水よりも小さな値を示し，流れやすいことを示している。溶融金属の表面張力を正確に測定することは困難なため，概略値を示した。

表 4.1 おもな溶融金属の動粘度と表面張力

溶融金属の種類	温度 t 〔℃〕	動粘度 ν 〔$10^{-2} \times cm^{-2}/s$〕	密度 ρ 〔g/cm^3〕	表面張力 T^* 〔N/m〕
鋳 鉄	1 400	0.7	6.9	≒1.87
銅	1 200	0.4	7.8	1.36
アルミニウム	800	0.2	2.5	0.91
鉛	500	0.13	11.4	0.47
水 銀	20	0.11	13.6	0.48
水	20	1	1	0.07
エンジンオイル (SAE 10 W-40)	40	82	≒0.9	—

＊ 表面張力の測定温度は融点近傍でその値は概略値

鋳鉄の場合，水の約26倍もの値を有しており，砂の隙間にしみ込むことは困難である。このように，金属は鋳造加工に適した物理的特性を有していることが理解できよう。

4.2 鋳造法の分類

鋳造法は，溶融金属（溶湯あるいは湯と呼ばれる）を鋳込む鋳型（mold）の種類や方法により，図4.1のように分類される。

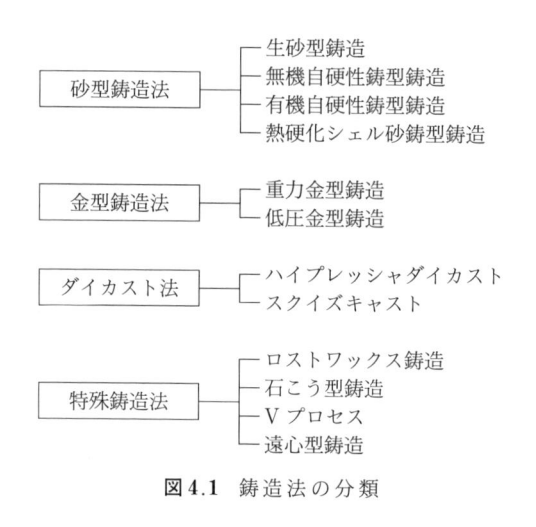

```
砂型鋳造法 ┬ 生砂型鋳造
          ├ 無機自硬性鋳型鋳造
          ├ 有機自硬性鋳型鋳造
          └ 熱硬化シェル砂鋳型鋳造

金型鋳造法 ┬ 重力金型鋳造
          └ 低圧金型鋳造

ダイカスト法 ┬ ハイプレッシャダイカスト
            └ スクイズキャスト

特殊鋳造法 ┬ ロストワックス鋳造
          ├ 石こう型鋳造
          ├ Vプロセス
          └ 遠心型鋳造
```

図4.1 鋳造法の分類

4.2.1 砂型鋳造法

砂型（sand mold）を用いた鋳造法の総称で，砂（けい砂：SiO_2）に**粘結剤**（binder）を混ぜて固めるものである。砂型は鋳込み時の溶湯温度と圧力に耐えられ，鋳型内のガスを排出できる適度な通気性を有していることが必要である。このほか成形の容易さも要求される。生砂型は粘結剤に粘土を用いて水分を含んだ状態で鋳型が完成し，造形後ただちに鋳込むことが可能である。また，繰返して使用することができるために安価で経済的である。図4.2に代表的な生砂型の構造を示す。

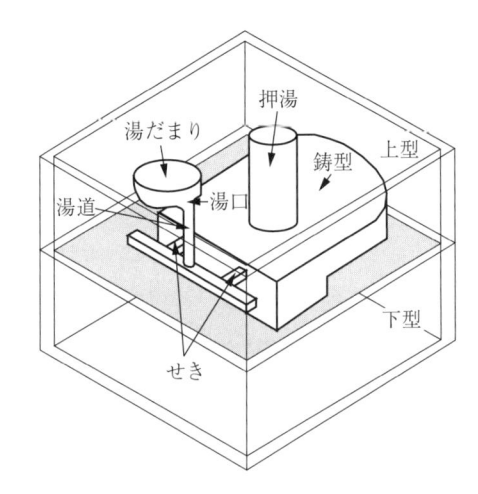

図4.2 代表的な生砂型の構造

粘結剤に無機物質のけい酸ソーダ（水ガラス）やセメント系を用いたものを無機自硬性鋳型と呼ぶ。セメント系は硬化時間が長いために，けい酸ソーダが広く用いられている。さらにCO_2ガスを通気することで瞬時に硬化反応が生じ，乾燥工程を省略できるために広く普及している。しかし，砂型強度が高いために鋳造後の砂の崩壊性が悪く，型ばらし作業のコストが高いという欠点が指摘されていた。この欠点を補うために崩壊性を高めたものが有機自硬性鋳型であり，粘結剤に有機物のフラン樹脂を用いている。

熱硬化シェル砂鋳型はCプロセスとも呼ばれるもので，けい砂にフェノールレジンを5〜10％加えたものであり，250〜300℃に2〜3分加熱することで焼結できる。シェル砂鋳型は，1個の鋳型製作時間が数分と短いうえに**鋳肌**(casting surface)が美しく，寸法精度も高いために小物の大量生産に適している。

4.2.2 ダイカスト法

ダイカスト法(die casting)は，アルミニウム，亜鉛，マグネシウム，銅などの比較的融点の低い合金を，精密に加工された金型に高い圧力（10〜200 MPa）を加えて高速（2〜100 m/s）で射出注入する鋳造法である。この鋳造

には専用のダイカストマシンを用いる。なお，構造はプラスチックの射出成型機と類似している。

溶湯の温度はアルミニウム合金で610～710 ℃，亜鉛合金で400～425 ℃，マグネシウム合金で630～680 ℃程度である。このため金型には耐熱性が求められ，空冷で焼入れが可能なCr-Mo-V鋼（SKD種）などが用いられる。精密加工された金型表面が転写されるために，製品は形状精度が高いだけでなく鋳肌が平滑なため，後加工が少ないという利点がある。さらに機械的強度が高く，薄肉の鋳物が製作可能で軽量化することができる。連続生産が可能であり，製品の寸法にもよるが鋳造サイクルは10～100 s/回と短いために大量生産に適している。なお，金型寿命は，アルミニウム系で10万回，亜鉛系では，50万回程度といわれている。図4.3にダイカスト法による製品例を示す。

図4.3 ダイカスト法による製品例

4.2.3 特殊鋳造法

水道・ガス管などの大径のパイプの製造には**遠心鋳造法**（centrifugal casting）が広く用いられている。図4.4に遠心鋳造法による製造原理を示す。回転する円筒状の金枠に設置した砂型の内部に溶湯を注入し，遠心力により均一な厚さの管を得る手法である。水道，ガス需要の増大に伴い，口径1 600 mm長さ9 m程度の大形管が製造されている。

ロストワックス法（lost wax process）は，複雑形状で寸法精度が要求され

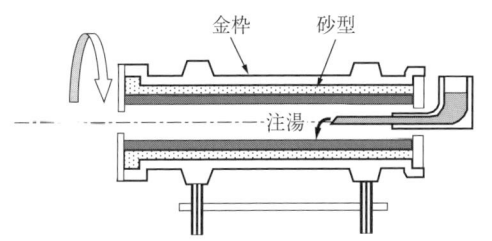

図 4.4 遠心鋳造法による製造原理

るものや，小形の多品種少量生産などに用いられている。完成品と同型の模型をろう（ワックス）で製作して，この上にインベストメントと呼ばれる微粒の肌砂を塗布したり，ペースト状にした中に侵漬して模型表面に付着させて鋳型を製作する。肌砂の成分は石英，アルミナ，ジルコニア，マグネシアの粉末に，粘結剤として水ガラス，石膏，エチルシリケートなどを用いて肌砂の熱膨張を相殺するような組成とする。

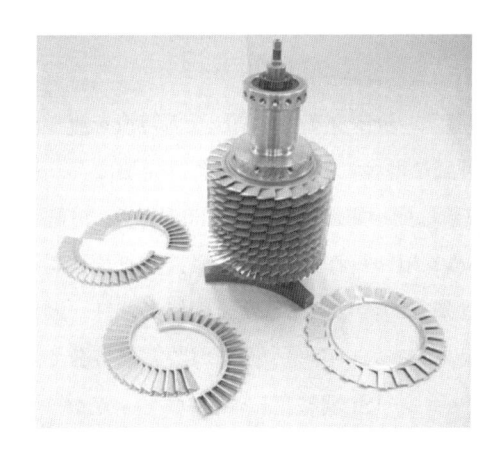

　内部のろうの模型を 100 ℃ 程度に加熱して流し出した後，800〜1 000 ℃ まで加熱して鋳型を焼結し，鋳込みを行う。鋳込み方法には，単純に上部から流し込む重力鋳造法のほか，加圧鋳造法，吸引鋳造法，遠心鋳造法などがある。得られる製品の精度（寸法公差）は長さで ±0.15〜0.5 %，鋳肌の表面粗さは最大高さ 5〜20 μm の範囲であり，付加価値の高い金属製品の生産が可能である。**図 4.5** にロストワックス法で鋳造したタービンブレードの例を示す。

図 4.5 ロストワックス法で鋳造したタービンブレードの例

4.3 溶解・鋳込み

4.3.1 溶解法

鋳鉄の原料は，**銑鉄**（pig iron）と鋼くずと返り材が用いられている。一般に銑鉄の炭素量は 4 wt％ 程度であり，これだけでは炭素濃度が高すぎるために炭素量を下げて目標値になるように鋼くずを配合する。ただし，鋼くずと呼ばれてはいるが炭素量が管理できる良質な素材が必要で，プレス加工で打ち抜かれた低炭素鋼板（SPCC など）の端材などを用いる。返り材は後述する湯道や押湯部分を切り落としたもので，成分的には目標値と同等である。

溶解には，伝統的な**キュポラ**（cupola furnace）と**低周波誘導電気炉**（low frequency induction furnace）が用いられている。キュポラの使用は年々減少し，電気炉による溶解が主流となりつつある。

〔1〕 **キュポラによる溶解** キュポラの構造を図 4.6 に示す。円筒形の炉体の上部に材料投入口，下部に空気吹込口（羽口）がある。炉体の下部にベッドコークス（床積コークス）を挿入し，さらに地金（銑鉄，鋼くず，返り材）と追詰めコークスを交互に積層する。キュポラの溶解メカニズムの特徴は，地金が小さな溶滴となり滴下する際に高温のコークスと接触し脱酸や加炭反応を生じながら，すなわち成分調整過程の制御を経て連続的に出湯することである。

〔2〕 **低周波誘導電気炉による溶解** 一次コイルに高圧交流電流を流し，これによって生じる低電圧の誘導電流を地金に導き，その抵抗発熱により加熱・溶解するものである。発振周波数は商用電源と同じ 50/60 Hz で，溶解可能な重量は 3～20 トン程度のものが広く用いられている。図 4.7 に低周波誘導電気炉の構造を示す。地金の成分は基本的にはキュポラと同様に銑鉄，鋼くず，返り材と同様であるが，その配合比率の自由度が大きいことが特徴である。加炭剤（黒鉛粉末），フェロシリコン（Si 調整用），フェロマンガン（マンガン調整用）のような資材を溶湯中に添加することで成分調整を容易に行え

4.3 溶解・鋳込み

図4.6 キュポラの構造

図4.7 低周波誘導電気炉の構造

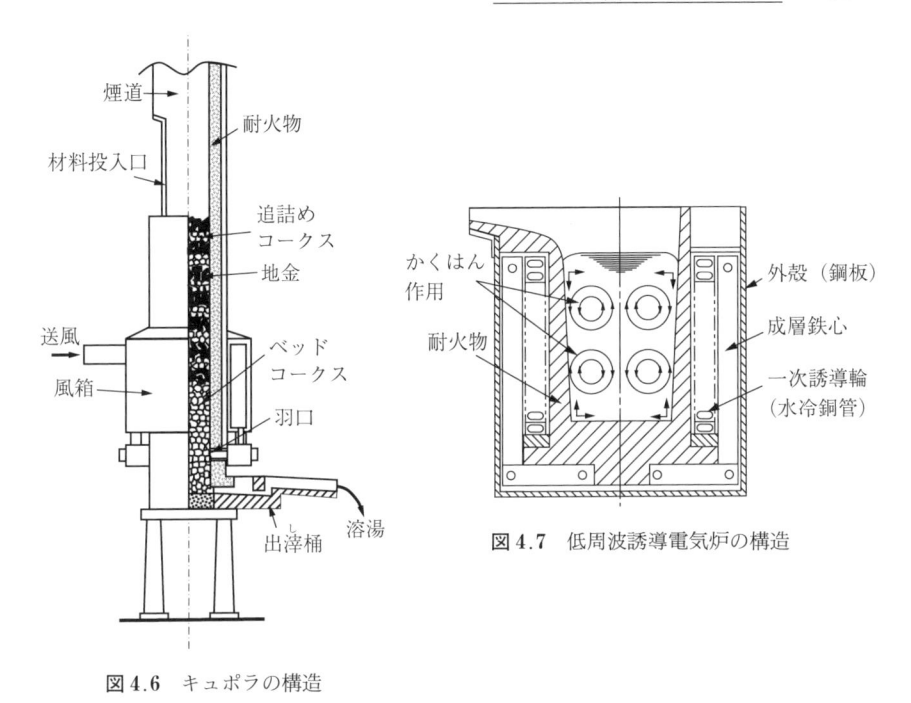

る。特に低周波誘導加熱では，電流による溶湯のかくはん作用が強いために，炉内の溶湯成分の均一性が高いという利点がある。

4.3.2 湯口と押湯

欠陥のない鋳造品を得るためには，良質な鋳型，適切な成分（化学組成）と温度を有する溶湯が必要であるが，溶湯を鋳型内部に導く流路を最適化することも重要である。その基本的な考え方は，①鋳込みの途中で凝固が生じないようにする，②湯の流れる勢いで鋳型を浸食したり損傷したりしない，③鋳物全体に一様に湯が流入し極端な温度分布の不均一を生じさせない，などであり，これらのことを念頭に湯口（注入口）と湯道（流路）を設計することを湯口方案と呼んでいる。

ほとんどの金属・合金は凝固に伴い体積が5％程度収縮する。図4.8に示すように，円筒状の鋳物では，最後に凝固するのが最上部であり，円錐状の凹

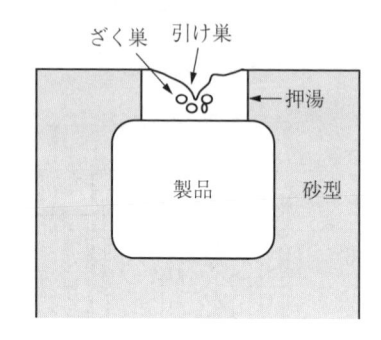

図4.8 引け巣と押湯効果

みが生じるだけでなく，収縮部分が内部に閉じこめられた引け巣（ざく巣，contraction）と呼ばれる空隙が生じる。製品にこのような欠陥を発生させないためには，製品本体よりも凝固が遅くなるような**押湯**（riser）を設置することで防止できる。複雑な形状の場合には，部分的に凝固が遅れる部分に**冷し金**（chiller）と呼ばれる金属や黒鉛板を置き，急冷して凝固を均一に行わせることもある。これらの考え方を総称して押湯方案と呼ばれる。なお，鋳込み後に製品から切り落とされた湯道と押湯部分が返り材として再溶解される。

4.4 鋳鉄の分類と機械的性質

4.4.1 鋳鉄の凝固

鋳鉄は一般には炭素を2％以上含む鉄-炭素系の合金である。溶融状態でなんの処理を施さずに凝固させれば，**図4.9**に示すFe-C系平衡状態図に従って，凝固速度が比較的速い場合にフェライト（α固溶体とも呼ばれる）＋セメンタイト（Fe_3C）組織を有する白鋳鉄に，凝固速度が遅い場合にフェライト＋片状黒鉛組織となる**ねずみ鋳鉄**（gray cast iron）が得られる。なお，ねずみ鋳鉄の名前の由来は折った破面がねずみ色（黒鉛が存在するため）に見えることによる。

一般的な鋳鉄の化学組成を**表4.2**に示す。MnとSiは精錬の必要上添加される。鋳鉄中のSiは，平衡状態図の液相線や固相線の位置をずらす効果があ

4.4 鋳鉄の分類と機械的性質

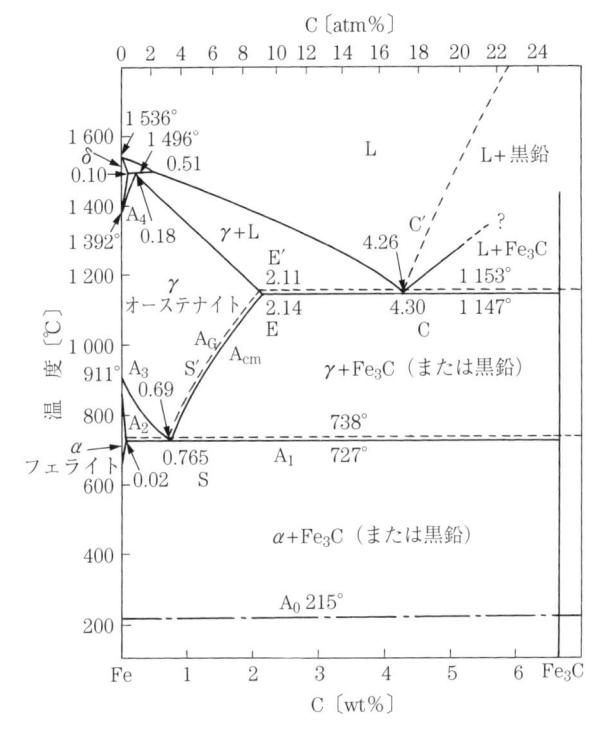

図 4.9 Fe-C系平衡状態図

表 4.2 一般的な鋳鉄の化学組成

合金元素〔wt%〕					不純物元素〔wt%〕	
C	Si	Mn	Ni	Cr	P	S
2.8〜3.8	0.3〜2.7	0.3〜1.1	0.02〜1.0	0.02〜0.3	0.03〜0.7	0.004〜0.18

り，先に示した平衡状態図が利用できないという問題が生じる。Si の効果は C の 1/3 程度であることがわかっており，Si 量を炭素に換算した**炭素当量** (CE, carbon equivalent) $=C+1/3\,Si$ で横軸を読み替える必要がある。

図 4.10 に炭素量 $=3\%$ の鋳鉄を例にとり，凝固に伴う液相から固相における組織変化を示す。図 (a) において液体だった鋳鉄が液相線 BE 上の初晶温度 T_1 に達すると①オーステナイト（γ 固溶体とも呼ばれる）が晶出しはじめる。この初晶オーステナイトの炭素濃度は，T_1 から水平線を引いてオーステ

① オーステナイトの晶出　　② 共晶反応

(a) Fe-C系平衡状態図

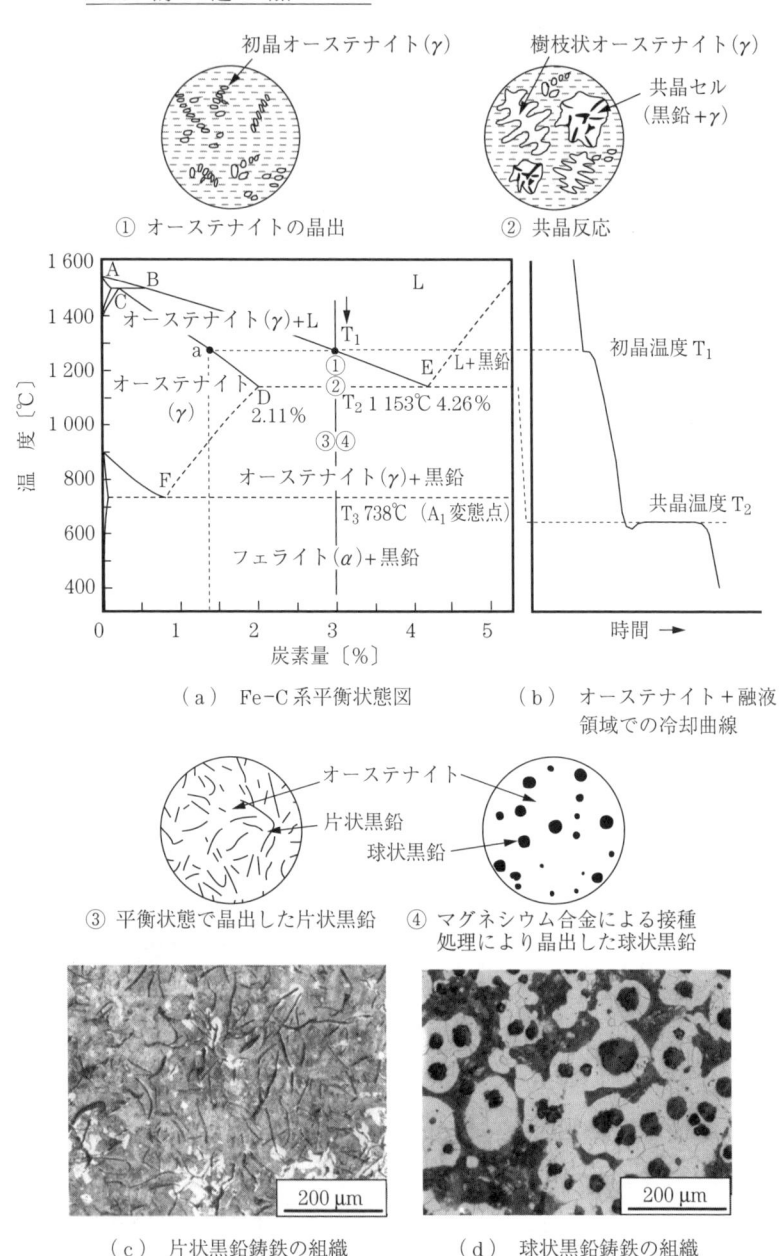

(b) オーステナイト＋融液領域での冷却曲線

③ 平衡状態で晶出した片状黒鉛　　④ マグネシウム合金による接種処理により晶出した球状黒鉛

(c) 片状黒鉛鋳鉄の組織　　(d) 球状黒鉛鋳鉄の組織

図 4.10　鋳鉄の凝固に伴う組織変化

ナイトの固相線 CD と交わる点 a の炭素量 1.3％ である。温度が低下して凝固が進むにつれて ② に示すような樹枝状のオーステナイトが晶出する。晶出するオーステナイトの炭素濃度は，固相線 CD に沿って高くなるものの 3％ よりは低いために，残液の炭素濃度は高くならざるをえない。具体的には，凝固が進むにつれて液相線 BE に沿って炭素濃度は高くなっていき，共晶温度 T_2（1 153 ℃）に達したとき 4.26％ に達する。ここでは，4.26％ の炭素を含む残液から ② に示すような共晶セルがあちこちに晶出して凝固が終了する。なお，このとき図(b)の冷却曲線に示すように，潜熱が放出され凝固が完了するまで温度は低下しない。

共晶セルは黒鉛とオーステナイトが混在したもので，2 種類の固体が一体となって成長する。すなわち，黒鉛は湾曲した片状として外側に向かって成長し，オーステナイトはそれを取り囲むように成長し，③，④ に示すような黒鉛＋オーステナイトの均一な組織となる。この時点では，オーステナイト中に固溶している炭素は 2.11％（点 D での炭素濃度）であるから，約 1％ の炭素が黒鉛として存在している。

オーステナイト中に固溶できる炭素は，凝固完了後，温度 T_3 までは，状態図の DF 線に従って 0.8％ まで減少する。すなわち，飽和限界を超えた炭素は既存の黒鉛を肥大化させながら析出する。温度 T_3 は，A_1 変態点であり，オーステナイトは共析反応によりフェライト(α)＋Fe_3C のパーライト組織に変態する。最終的に得られたねずみ鋳鉄（片状黒鉛鋳鉄とも呼ばれる）の組織写真を図(c)に示す。なお，完全な平衡状態（きわめて遅い冷却速度）では，フェライト＋黒鉛組織となるが，実用的な冷却速度では Fe_3C の生成が生じてしまい，準安定平衡状態としてパーライト組織が生成される。

強度を受け持たない黒鉛の存在は，その形状により破壊強度に影響を及ぼすことは容易に想像できる。応力集中を考慮するならば，その形状は片状よりも球状が望ましい。そこで球状の初晶黒鉛を得る方法が開発されている。具体的には，溶解の最終段階あるいは鋳込みの直前にマグネシウム合金による接種処理（球状化処理）である。図(d)に接種処理による**球状黒鉛鋳鉄**（spheroidal graphite cast iron) の組織写真を示す.

4.4.2 ねずみ鋳鉄の機械的特性

前述したように，ねずみ鋳鉄は黒鉛形状やその分布により機械的性質は大きな影響を受ける．一般にねずみ鋳鉄は，圧縮強さや硬さは高いが引張強さや曲げ強さ，衝撃強さなどは小さい．さらに同一溶湯成分であっても，冷却速度の違いにより析出する黒鉛の形態や量，分布状況は変化する．これは製品の場所により強度が異なることを意味している．図 4.11 に代表的な黒鉛組織の分類を示す.

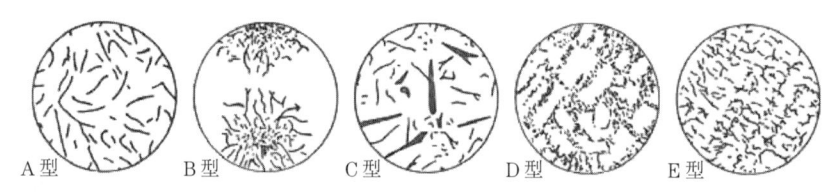

図 4.11 黒鉛組織の分類 (ASTM 247)

強度以外の鋳物の優れた特性は，黒鉛の存在によるところが大きい．冶金的には，先に述べたように，凝固後に比重の小さい黒鉛の析出に伴い体積が膨張するために，熱収縮と相殺されるという利点がある．機械的には，黒鉛は被削性の向上に寄与している．これは基地中の黒鉛により切粉が分断されることで，切削抵抗や切削熱も小さくなるからである．また，振動吸収性が高いこと，黒鉛は自己犠牲型の固体潤滑剤でもあるために工作機械のベッドに最適な

表 4.3 ねずみ鋳鉄の品種と機械的特性 (JIS G 5501)

記 号	引張強さ〔N/mm²〕	硬さ HB（ブリネル硬さ）
FC 100	100 以上	201 以下
FC 150	150 以上	212 以下
FC 200	200 以上	223 以下
FC 250	250 以上	241 以下
FC 300	300 以上	262 以下
FC 350	350 以上	277 以下

素材である。**表4.3**にJISで規定されているねずみ鋳鉄の品種と機械的特性を示す。

4.4.3 球状黒鉛鋳鉄の機械的特性

鋳鉄は黒鉛を含むことで多くの長所を持つが，強度的に劣るという問題がある。これを改善するために開発されたのが球状黒鉛鋳鉄であり，鋳鉄の特性と鋼の有する強じん性（高い引張り強さと伸びの両立），熱処理性を兼ね備えている。

表4.4にJISで規定されている球状黒鉛鋳鉄の品種と機械的特性を示す。用途によって延性型と高張力型に大別されるが，これはおもに熱処理による基地組織の調整によるものである。

表4.4 球状黒鉛鋳鉄の品種と機械的特性（JIS G 5502）

記号	引張強さ〔N/mm²〕	0.2％耐力〔N/mm²〕	伸び〔％〕	硬さHB	主要基地組織
FCD 350	350 以上	220 以上	22 以上	150	フェライト
FCD 400	400 以上	250 以上	18 以上	130-180	フェライト
FCD 450	450 以上	280 以上	10 以上	140-210	フェライト
FCD 500	500 以上	320 以上	7 以上	150-230	フェライト＋パーライト
FCD 600	600 以上	370 以上	3 以上	170-270	パーライト＋フェライト
FCD 700	700 以上	420 以上	2 以上	180-300	パーライト
FCD 800	800 以上	480 以上	2 以上	200-330	パーライトまたは焼戻しマルテンサイト

図4.12に熱処理により基地組織を変化させた球状黒鉛鋳鉄の例を示す。図(a)は球状黒鉛周辺のフェライトとパーライト組織のもので鋳放しの状態である。ブルズアイと呼ぶこともある。図(b)は鋳放しの組織をフェライト化焼鈍処理（900℃2時間保持後炉冷）により延性を高めたものである。図(c)は焼準処理（900℃3時間保持後空冷）により組織をパーライト化してある。図(d)はオーステンパー処理（900℃1時間保持後350℃の塩浴で急冷，1時間保持後空冷）により組織をベイナイト化した結果である。

球状黒鉛鋳鉄は優れたじん性を有することから多くの強度部材に利用されており，大口径の水道管やガス管，エンジンのクランクシャフトなどにも利用さ

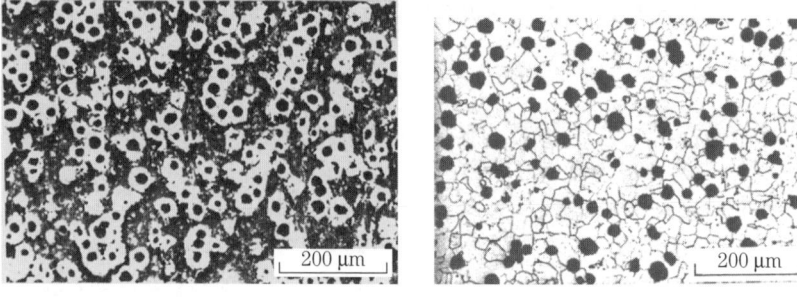

(a) 鋳放し（フェライト＋パーライト）　　（b）焼鈍処理（フェライト化）

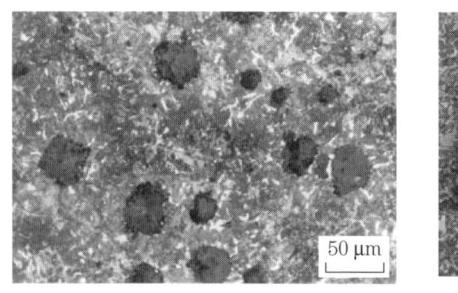

(c) 焼準処理（パーライト化）　　（d）オーステンパー処理（ベイナイト化）

図 4.12　熱処理により基地組織を変化させた球状黒鉛鋳鉄の例

れている。

4.4.4　可 鍛 鋳 鉄

溶湯状態から急冷されて黒鉛を晶出することなく Fe_3C（セメンタイト）を含むものを白鋳鉄と呼ぶ（破面が白いため）。白鋳鉄を熱処理してセメンタイトを黒鉛化して脱炭によりじん性を向上させたものを**可鍛鋳鉄**（malleble cast iron）と呼び黒心可鍛鋳鉄（フェライト地に黒鉛粒が点在），白心可鍛鋳鉄（表層部はフェライト，内部はパーライトが多くなり厚肉の中央部に黒鉛が存在する場合もある），パーライト可鍛鋳鉄（黒心可鍛鋳鉄の基地をパーライトあるいはマルテンサイト化）などに分類される。いずれも，おのおのに適した化学組成と熱処理により要求される性能を得るものである。

4.5 非鉄金属系鋳物

　CuとSnの合金である青銅系鋳物は，古くから美術工芸品として使用されてきた。鋳型に忠実な製品が作りやすく，耐食性，耐摩耗性，耐圧性に優れるため，バルブ，コック類の複雑な形状を有する耐圧鋳物に多く使われている。このほか，Cu-Al合金をベースにFe，Niを添加したアルミニウム青銅鋳物は，船舶のスクリューを中心とした高い信頼性が要求される部品に使用されている。

　アルミニウム系合金も鋳造品として広く使用されている。Al-Si系はSiを10～24％程度含むもので，耐熱性が向上するため，エンジンのシリンダーブロック，ピストンなどの部品に用いられている。マグネシウム合金鋳物としては，Mg-Al-Zn系がある。ダイカストにはアルミ系合金としてAl-Si系，Al-Si-Cu系が，亜鉛合金としてZn-Al系が使用されている。

演 習 問 題

【1】 鋳鉄中に存在する黒鉛は，鋳鉄の機械的性質にどのような影響を与えているのか説明せよ。
【2】 精密鋳造法の中のダイカスト法とロストワックス法の特徴を対比して説明せよ。
【3】 身の回りにある製品で鋳造で作られているものを五つ以上挙げてその製法を推測せよ。

5 プラスチック成形加工

5.1 プラスチック成形加工の概要

プラスチック（plastic）の歴史は，1870年頃のセルロイドやフェノールの発明に始まる。紀元前の青銅器時代に始まる金属加工と比べると，その歴史は約140年と非常に浅い。しかし，その短い間に多種多様のプラスチックやそれらの成形加工法が生み出され，その用途を拡大し続けている。

例えば，テレビやパーソナルコンピュータなどの電気製品の筐体や機構部品，バンパーやインスツルメントパネルなどの自動車部品，包装用フィルム，ペットボトルなどの容器，衣服の繊維，さらに最近では，光学レンズや光ディスクに代表されるような精密製品に広く用いられるようになってきた。特に，昔と今の自動車を比べれば，昔は金属材料で作られていたバンパーやボデー，ガソリンタンクなどの多くの部品がプラスチックに置き換わっていることに気が付くであろう。このように，今や，プラスチックは，人類の進歩にはなくてはならないものとなっている。

プラスチック成形加工（polymer processing）は，原材料を加熱などの手段を用いて溶かして，**金型**（mold）あるいは**ダイ**（die）の中に流して，所定の形にして，そして最後に冷やす，あるいは硬化させて固めるといった，"溶かす"→"流す"→"形にする"→"固める"の基本原理から成り立っている。プラスチック成形加工は，切削加工などの除去加工や，鍛造やプレスなどの変形加工とは異なり，一度の加工により，複雑形状の精密な賦形が簡単にできることを

大きな特徴としており，そのため，大量生産に適した加工法とされている。

本章では，工業界分野において用いられている代表的なプラスチックの特性と用途，そして，代表的なプラスチック成形加工法の成形工程と用途について述べたい。

5.2 プラスチックの種類と特性

プラスチックとは，炭素や水素，酸素，窒素，塩素などを主成分とした，分子量が著しく大きな有機化合物である。プラスチックと呼ばれたり，あるいは，**高分子**（polymer），さらに，**樹脂**（resin）と呼ばれたりする。

表5.1に工業分野で利用されているおもなプラスチックを分類して示す。プラスチックは，長く線状（鎖状）に連なった**分子**（molecule）の集合体である。**分子構造**（molecular structure）によって，**熱可塑性プラスチック**（thermoplastic）と**熱硬化性プラスチック**（thermosetting plastic）とに分類される。

熱可塑性プラスチックは，長い線状の分子構造を呈しており，分子鎖が規則的に折りたたまれた結晶部分を含んでいる**結晶性プラスチック**（crystalline polymer）と，ランダムに絡み合った構造を持った**非晶性プラスチック**（amorphous polymer）とに分類される。

一方，熱硬化性プラスチックは，分子鎖が**架橋**（crosslinking）した網目状の構造を呈している。熱可塑性プラスチックは，常温では固体で，加熱すると液体へと変化し，再び常温に戻すと固体へと変化する特性を有した材料である。一方，熱硬化性プラスチックは，一般的に，常温では液体で，加熱すると硬化反応を起こし固体へと変化し，いったん硬化した後は加熱しても二度と液体に戻らない特性を有した材料である。熱硬化性プラスチックは，常温では液体状であるため，金型内への流動や，**ガラス繊維**（glass fiber）などの強化材への含浸が容易であるといった利点を有している。

プラスチックは，金属に比べて，軽く，賦形性や耐薬品性などに優れている

表5.1 プラスチックの分類

熱可塑性プラスチック	汎用プラスチック	ポリエチレン（PE） 　　低密度（LDPE）・中密度（MDPE）・高密度（HDPE） ポリプロピレン（PP） ポリスチレン（PS） 　　汎用（GPPS）・耐衝撃性（HIPS） ポリ塩化ビニル（PVC） ポリビニルアルコール（PVA） エチレンビニルアルコール（EVA） メタクリル樹脂（PMMA） ABS樹脂（ABS） AS樹脂
	エンジニアリングプラスチック	ポリカーボネート（PC） ポリアセタール（POM） ポリアミド（PA） 　　ナイロン6，ナイロン66，ナイロン11，ナイロン12，ナイロン46，ナイロン610，ナイロン612 ポリエチレンテレフタレート（PET） ポリブチレンテレフタレート（PBT） ポリエチレンナフタレート（PEN） 変性ポリフェニレンエーテル（m-PPE） 超高分子量ポリエチレン（UHMWPE）
	スーパーエンジニアリングプラスチック (特殊エンジニアリングプラスチック)	液晶ポリマー（LCP） ポリフェニレンサルファイド（PPS） ポリイミド（PI） ポリエーテルイミド（PEI） ポリアミドイミド（PAI） ポリサルフォン（PSF） ポリアリレート（PAR） ポリエーテルサルホン（PES） ポリエーテルケトン（PEK） ポリエーテルエーテルケトン（PEEK） フッ素樹脂（PTFE） シクロオレフィンポリマー（COP） エチレン・酢酸ビニル共重合体（EVOH）
熱硬化性プラスチック		フェノール樹脂（PF） エポキシ樹脂（EP） 不飽和ポリエステル（UP） ポリウレタン（PUR） シリコーン樹脂（SI） ユリア樹脂（UF） メラミン樹脂（MF） ジアリルフタレート樹脂（DAP）

ものの，その一方で強度や耐熱性が劣るという問題を有している。そこで，1956年以降，プラスチックの中でも，強度や耐熱性が著しく優れ，歯車やカムのような機械部品や，構造用部材に用いることのできる**エンジニアリングプラスチック**（engineering plastic），略称エンプラが登場した。また，その後，エンプラよりもさらに耐熱性に優れた**スーパーエンジニアリングプラスチック**（super engineering plastic），略称スーパーエンプラ，あるいは特殊エンジニアリングプラスチックとも呼ばれるものが登場した。

　プラスチックは，単体で用いられる場合に加えて，ガラス繊維および**炭素繊維**（carbon fiber）や，**タルク**（talc），**マイカ**（mica），炭酸カルシウム（$CaCO_3$）などが強化材あるいは充てん材として添加される場合がある。また，機能性を付与するために，着色剤や可塑剤，難燃剤，発泡剤，帯電防止剤などが添加される場合がある。

　本節では，表5.1の中から代表的なプラスチックを選択し，それらの特性と用途について述べる。

5.2.1　熱可塑性プラスチック

〔1〕**ポリエチレン（PE）**　　ポリエチレン（polyethylene）は，密度の違いにより低密度（LDPE，910～930 kg/m^3），中密度（MDPE，930～942 kg/m^3），高密度（HDPE，942 kg/m^{3}以上）に分けられる。**図5.1**に**高密度ポリエチレン**（high density polyethylene）成形品の事例を示す。**低密度ポリエチレン**（low density polyethylene）は，柔軟性に富み，成形加工性が良好

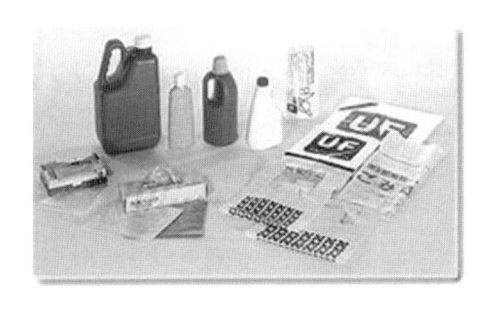

図5.1　高密度ポリエチレン成形品の事例（(株)プライムポリマー提供）

で，全体の70％が**フィルム**（film）や**ラミネートフィルム**（lamination film）などの包装用材として用いられ，その他は，電線被覆材，ボトルなどにも用いられている。成形加工法としては，**押出成形**（extrusion）が大部分を占め，そのほか，**射出成形**（injection molding），**ブロー成形**（blow molding）が適用される。一方，高密度ポリエチレンは，剛性や耐衝撃性，耐候性，耐薬品性，耐水性，電気絶縁性に優れ，食品包装用フィルムや配水管用パイプなどの押出成形品，洗剤用ボトルやガソリンタンクなどのブロー成形品，バケツやコンテナなどの射出成形品に用いられている。

〔2〕**ポリプロピレン（PP）** ポリプロピレン（polypropylene）は，国内において最も生産量の多いプラスチックであり，比重が小さく，耐熱性，耐薬品性，耐水性，透明性などが優れている。ポリプロピレンの用途は，ポリエチレンと重複しており，フィルムなどの包装用材，バンパー（**図5.2**）やインスツルメントパネルなどの自動車部品，家電製品，日用雑貨品，洗剤用ボトルなどに用いられている。成形加工法としては，射出成形が最も多く用いられ，続いて，押出成形，ブロー成形などが用いられている。

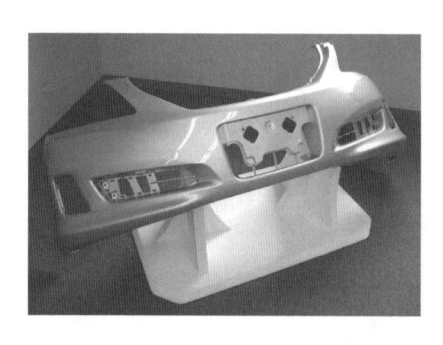

図5.2 ポリプロピレン製バンパーの事例

〔3〕**ポリスチレン（PS）** ポリスチレン（polystyrene）は，無色透明の**汎用ポリスチレン**（GPPS, general purpose polystyrene）と**耐衝撃性ポリスチレン**（HIPS, high impact polystyrene）がある。耐衝撃性ポリスチレンは，汎用ポリスチレンの脆い性質を補うためにゴムを加えたものである。汎用ポリスチレンは，透明性や成形加工性，成形品の寸法精度が優れている。一方，耐衝撃性ポリスチレンは，その名のとおり，耐衝撃性に優れている。図

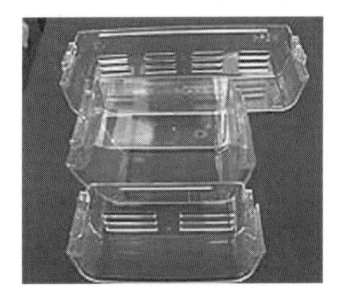

(a) テレビの筐体　　　　　　(b) 冷蔵庫の収納トレイ

図5.3 ポリスチレン成形品の事例（PS ジャパン(株)提供）

5.3に示すような，テレビおよびエアコン，パーソナルコンピュータなどの家電・OA 機器の筐体や日用雑貨品などの射出成形品，また，シート材や発泡体などの押出成形品に用いられている。

〔4〕 **ポリ塩化ビニル（PMC）**　ポリ塩化ビニル（poly（vinyl chloride））は，ビニールとも呼ばれて日常生活で広く用いられている。ポリ塩化ビニルは，他の汎用性プラスチックとは異なり，分子構造に塩素を含んでいることが大きな特徴である。硬質や軟質，電線用に分類され，中でも硬質の占める割合が最も大きい。耐薬品性や耐水性，耐候性，難燃性，電気絶縁性に優れ，硬質はパイプ・チューブや板，継手などの工業用・建設用部材として，軟質はフィルムやシート，合成皮革などとして，さらに電線用は電線の被覆材として用いられている。押出成形や射出成形，**熱成形**（thermoforming），**カレンダ成形**（calendering），**スラッシュ成形**（slush molding）などの多様な成形方法が用いられている。

〔5〕 **メタクリル樹脂（PMMA）**　メタクリル樹脂（poly（methyl methacrylate））は，一般的にアクリル樹脂とも呼ばれ，透明性や光学特性，耐候性がプラスチックの中で特に優れている。また，表面硬度も高く，ガラスに代わる材料として，風防ガラスや，屋外看板，ディスプレイ・照明器具用などの板材，テールランプなどの自動車部品，光学レンズや液晶ディスプレイ用導光板などに用いられている。成形加工法は，板材には注型法（キャスト法）や押

出成形が用いられ，光学レンズなどの成形品には，射出成形が用いられている。

〔6〕 **ABS 樹脂（ABS）** ABS 樹脂（acrylonitrile-butadiene-styrene）は，アクリロニトリルスチレン樹脂（AS）の中にポリブタジエン（ゴム）粒子が分散した構造をとっており，強度や表面光沢，めっき・蒸着・接着などの二次加工性，成形品の寸法精度などが優れている。インスツルメントパネルなどの自動車部品，パーソナルコンピュータ，プリンタ，複写機などの OA 機器の筐体，便座などに用いられている。近年では，難燃性を持たせるために，ABS 樹脂と後述するポリカーボネートなどと組み合わせて（ポリマーアロイ）用いられている。成形加工法としては，射出成形や押出成形，ブロー成形などが用いられている。

〔7〕 **ポリカーボネート（PC）** ポリカーボネート（polycarbonate）は，耐衝撃性などの強度，透明性，耐熱性，成形品の寸法精度などが優れており，特性のバランスが良いために，国内生産量が最も多いエンプラである。リレーやスイッチ，コネクタ，携帯電話の筐体などの電気・電子部品，ヘッドランプカバーなどの自動車部品，ヘルメット，さらに CD や DVD，ブルーレイディスクなどの光ディスクに用いられている（図5.4）。

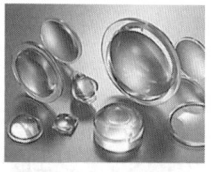

図5.4 ポリカーボネート成形品の事例

さらに，難燃性（自己消火性）に優れているため，ABS 樹脂とのポリマーアロイが行われ，カメラ筐体や鏡筒などの機構部品に用いられている。成形加工法は，おもに射出成形が用いられ，押出成形やブロー成形も用いられている。

〔8〕 **ポリアミド（PA）** ポリアミド（polyamide）は，ナイロンとも呼ばれ，分子構造により，ナイロン 6 やナイロン 66，ナイロン 11，12 などの種類がある。種類によって特性が異なるが，耐衝撃性などの強度，耐摩擦・摩耗性，耐油性，自己潤滑性などに優れている。開発当初から繊維として広く利用されてきたが，近年では，インテークマニホールドや燃料チューブなどの自動車エンジンルーム内装部品などの需要が多くなっている。成形加工法としては，射出成形や押出成形が用いられている。

〔9〕 **ポリアセタール（POM）** ポリアセタール（polyacetal）は，金属代替の材料として使用されてきた。強度や熱安定性，耐薬品性に優れており，特に，耐摩擦・摩耗性に優れていることから，従来から金属で作られていた歯車やローラ，カム，スライダ，軸受などのしゅう動部品に広く利用されている（図 5.5）。成形加工法としては，おもに射出成形が用いられている。

図 5.5 ポリアセタール製歯車の事例（レーザプリンタ駆動部）（ポリプラスチックス(株)：Pla-topia 20（1998.10）より転載）

〔10〕 **ポリエチレンテレフタレート（PET）** ポリエチレンテレフタレート（poly (ethylene terephthalate)）は，従来から繊維やフィルムに用いられてきたが，近年，食品ボトル，いわゆるペット（PET）ボトルとしてその用途を拡大している。耐衝撃性などの強度，透明度，炭酸ガスや酸素などに対するバリヤ性（ガスバリヤ性），耐薬品性が優れているために，清涼飲料水ボトルなどに用いられている。成形加工法は，射出成形やブロー成形，押出成形などが用いられている。

〔11〕 **液晶ポリマー（LCP）** 液晶ポリマー (liquid crystal polymer) は，比較的歴史の浅いプラスチックで，溶融状態で結晶性を発現するためにその呼び名が付いた。分子どうしの絡み合いが少なく流動性が優れ，かつ成形品の収縮率がきわめて小さいことから，成形品の寸法精度が優れている。さらに強度や耐熱性，耐薬品性にも優れているため，小形のコネクタやリレー，スイッチ，コイルボビンなどの電気・電子部品として用いられる。成形加工法としては，射出成形などが用いられている。

〔12〕 **ポリイミド（PI）** ポリイミド (polyimide) は，スーパーエンプラの中で最も優れた耐熱性を有し，また，強度や難燃性，電気絶縁性，成形品の寸法精度に優れている。フィルムやフレキシブルプリント配線基板などの電気・電子部品や繊維などに用いられる。成形加工法は，射出成形や押出成形，ブロー成形，**圧縮成形**（compression molding）などが用いられている。

5.2.2 熱硬化性プラスチック

〔1〕 **フェノール樹脂（PF）** フェノール樹脂 (phenolic) は，一般的に，紙や布，繊維などに含浸し，硬化した状態で利用される。強度や電気絶縁性，耐薬品性，耐熱性，耐燃焼性などに優れており，そのため，電気用積層材や電子・電気部品，ブレーキライニング，ディスクパッドなどの摩擦材，さらに断熱材として用いられている。成形加工法としては，ハンドレイアップ成形，**フィラメントワインディング**（FW, filament winding）**法**，**反応射出成形**（RIM, reaction injection molding）などが用いられている。

〔2〕 **エポキシ樹脂（EP）** エポキシ樹脂 (epoxy) は，接着性や強度，耐熱性，電気絶縁性，耐食性，耐湿性，流動性に優れており，そのため，ガラス繊維強化のプリント配線基板のマトリックス材（母材），半導体部品やLEDの封止材，缶や自動車用の塗料，接着剤，炭素繊維強化のゴルフシャフトやテニスラケットのマトリックス材などに用いられている。成形加工法としては，圧縮成形や**トランスファ成形**（transfer molding），FW法などが用いられている。

〔3〕 **不飽和ポリエステル（UP）** 不飽和ポリエステル（unsaturated polyester）は，**繊維強化プラスチック**（FRP, fiber reinforced plastic）のマトリックス材として用いられ，強度や耐熱性，耐薬品性に優れている。浴槽などの建築部材やパイプ，容器，自動車部材，船体，人造大理石などに用いられる。成形加工法としては，ハンドレイアップ法，**レジントランスファモールディング**（RTM, resin transfer molding）**法**，**シートモールディングコンパウンド**（SMC, sheet molding compound）**法**，**バルクモールディングコンパウンド**（BMC, balk molding compound）**法**などが用いられている。

〔4〕 **ポリウレタン（PUR）** ポリウレタン（polyurethane）は，硬質あるいは軟質のフォーム（発泡体）の製造に始まり，エラストマーや塗料，接着剤，合成皮革，弾性繊維などに展開されてきた。特に，軟質フォームは，弾力性や耐摩耗性，耐薬品性，通気性，吸音性に優れ，そのため，家具用や自動車用，衣料用などのクッション材に用いられている。硬質フォームは，断熱性に優れ，断熱機器や建設部材などに用いられている。

〔5〕 **シリコーン樹脂（SI）** シリコーン樹脂（silicone）は，分子構造や分子量によって液状あるいはゴム状などの形態をとる。液状のシリコーンは，電気絶縁油や離型材，撥水材として用いられ，一方，ゴム状のシリコーンは，耐熱性や耐候性に優れ，電気・電子部材や自動車部材として用いられている。成形加工方法としては，圧縮成形や射出成形，押出成形，トランスファ成形などが用いられている。

5.3 成形加工の種類と特徴

プラスチック成形加工法の種類を**表**5.2に示す。プラスチックの成形加工は，本章の冒頭で述べたように，原材料を熱によって溶かして，金型あるいはダイ内に流して形にして，冷却あるいは硬化させて固めるという基本原理から成り立っている。この基本原理に基づいた，例えば，射出成形や押出成形，ブロー成形のようなさまざまな成形加工法が，これまでに開発され実用化されて

表5.2 プラスチック成形加工法の種類

成形法	種類
射 出 成 形	汎用射出成形 多色・異材射出成形 サンドイッチ射出成形 インサート・アウトサート成形 射出圧縮成形 超高速射出成形 ガスアシスト射出成形（ウォータアシスト射出成形）
押 出 成 形	フィルム・シート成形（インフレーション成形を含む） ラミネート成形 カレンダ成形 パイプ・チューブ成形 異形成形 紡　糸 被覆成形
ブ ロ ー 成 形	ダイレクトブロー成形 インジェクションブロー成形 ストレッチブロー成形
熱 　 成 　 形	真空成形 圧空成形
発 泡 成 形	射出発泡成形（微細発泡射出成形を含む） 押出発泡成形
ホットエンボス	
圧 縮 成 形	BMC SMC
トランスファ成形	
粉 末 成 形	スラッシュ成形 回転成形 焼結成形 粉末加圧成形 流動浸漬
注 　 　 型	
レジンインジェクション成形	レジントランスファ成形（RTM） 反応射出成形（RIM）
積 層 成 形	
フィラメントワインディング（FW）	
オートクレーブ成形	
ハンドレイアップ成形	

きた。これらの成形加工法により，原材料は，一次元的な繊維状，あるいは二次元的なフィルム・シート・板状，さらに，三次元的な複雑形状の製品へと最終的に姿を変える。

本節では，表5.2に示すプラスチック成形加工法の中で，最も広く使用されている代表的なものを選択して，成形工程とその用途について述べる。

5.3.1 射出成形

射出成形は，プラスチック成形加工の中で最も利用されている成形加工法である。複雑形状の製品を高い形状・寸法精度を保証しつつ大量生産できるために，日用雑貨品や家電製品，自動車部品などから，近年では，歯車などの機構部品，さらに，光学レンズや光ディスク，医療・電子デバイスなどの精密製品の生産に至るまで，その用途が拡大している。

〔1〕 **射出成形機の基本構造と成形工程** 図5.6は，**射出成形機**（injection molding machine）の基本構造を示している。射出成形機は，プラスチックを溶かして金型内に充てん（射出）する射出装置と，金型を取り付けて開閉する型締装置から構成されている。射出成形機は，射出装置と型締装置の配置方法により，図5.6に示した横型射出成形機と，縦型射出成形機，縦横折衷型射出成形機の3種類に大きく分類できる。また，射出装置と型締装置が，それぞれ複数装備された，例えば，**多色・異材射出成形機**（co-injection molding

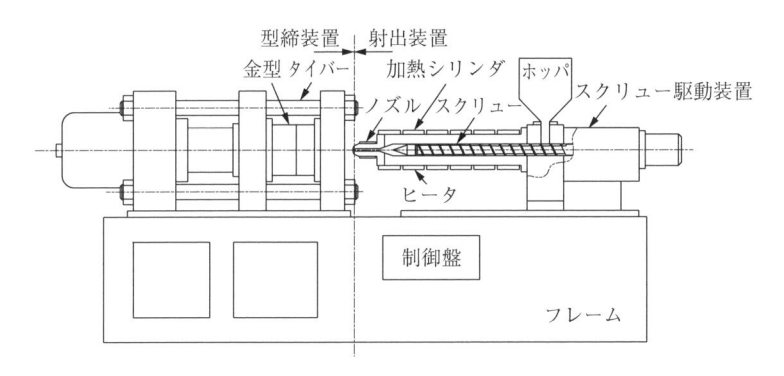

図5.6 射出成形機の基本構造

machine）あるいはロータリー射出成形機などがある。

　図 5.7 は，射出成形の成形工程を示している。射出装置は，ヒータが巻かれた**加熱シリンダ**（heating cylinder）と，プラスチックを溶融・混練，さらに射出するための**スクリュー**（screw）から構成されている。スクリューは，回転と前進・後退の動作を行う。まず，**ペレット**（pellet）と呼ばれるチップ状のプラスチック原材料を**ホッパ**（hopper）に投入し，加熱シリンダからの伝

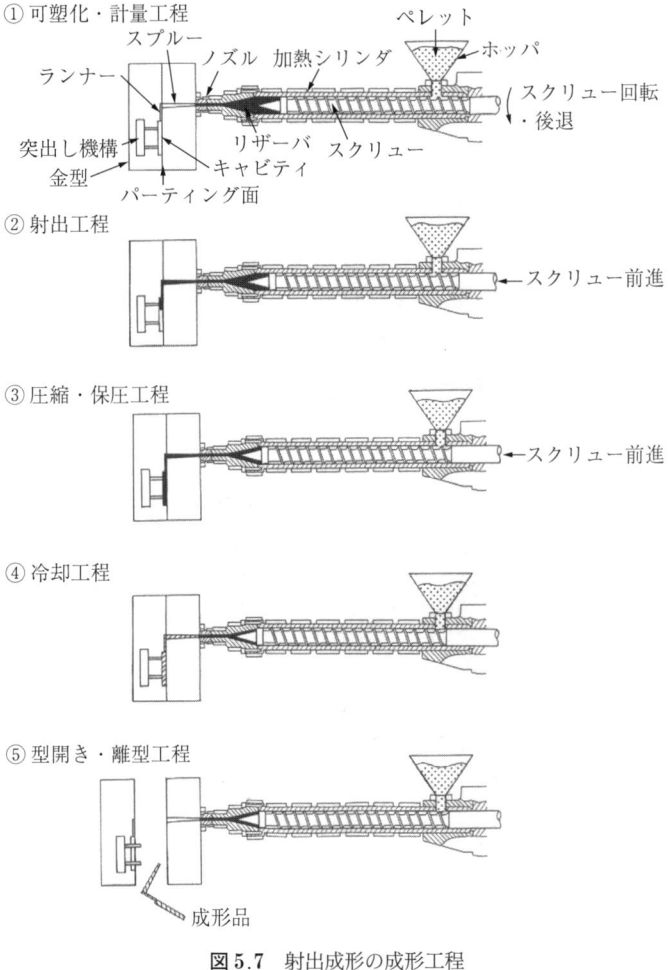

図 5.7 射出成形の成形工程

熱とスクリュー回転による混練作用によって溶かしながら，シリンダ先端部のリザーバへと送る（① **可塑化・計量工程**，plasticating process)。つぎに，スクリューが高速前進し，リザーバ内の溶融プラスチックが**ノズル**（nozzle) 部を通って金型内へと充てんされる（② **射出工程**，filling process)。金型内に充てんされたプラスチックは，金型によって熱を奪われ冷却固化を開始するが，この際のプラスチックの体積収縮を補うために，さらに一定の圧力を負荷しながらプラスチックを金型内に充てんする（③ **圧縮・保圧工程**，packing-holding process)。プラスチックの固化が完了する（④ **冷却工程**，cooling process）と，最後に金型を開いて成形品を取り出す（⑤ **型開き・離型工程**，demolding process)。以上の工程を繰り返すことにより，複雑形状成形品の大量生産が行われる。

〔2〕**射出装置と型締装置**　射出装置は，図5.7 に示したインラインスクリュー方式（in-line screw）が一般的に用いられている。**図5.8** は，一般的なスクリュー（フルフライトスクリュー）の形状を示している。らせん状に溝が設けられており，この中をペレットが溶融・混練されながらスクリューヘッド方向へと輸送される。スクリューの先端付近には，射出・圧縮・保圧工程での，プラスチックの逆流を防ぐための**逆流防止リング**（screw check ring) が設置されている。

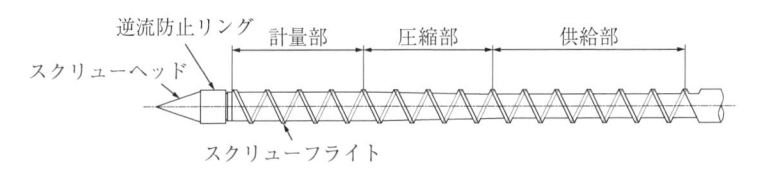

図5.8　射出成機のスクリュー形状

　図5.9 は，型締装置の基本構造を示している。型締装置の役割は，金型を開閉すること，射出工程におけるプラスチックの高い充てん圧力により金型が開かないように金型を高圧で締め付けること，成形品を金型内から取り出すことである。型締装置は，金型が取り付けられる**固定盤**（die plate) と，金型を開

122   5. プラスチック成形加工

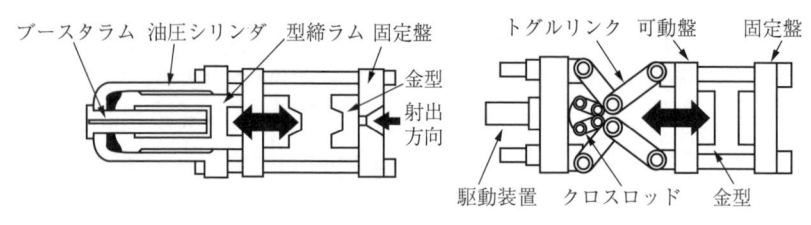

(a) 直圧式型締装置（ブースタラム式）   (b) トグル式型締装置（ダブルトグル式）

図5.9 型締装置の基本構造

閉するための駆動装置，さらに，成形品を金型から取り出すための突出し装置から構成されている。駆動方式には，**直圧式**（straight hydraulic mold clamping system）と，**トグル式**（toggle type mold clamping system）などがある。直圧式は油圧により直接，一方，トグル方式はトグルリンクの組合せによって可動盤を駆動させ，**型締力**（clamping force）を発生させるものである。トグルリンクの駆動源としては，油圧あるいはサーボモータが利用される。

〔3〕 **射出成形金型の基本構造と役割**　　金型の役割は，プラスチックに形状を与えること（賦形(ふけい)）で，溶融プラスチックを冷却固化させる，あるいは加熱硬化させる機能，ならびに，成形品を突き出す機能を備えている。

図5.10は，2プレート金型の基本構造を示している。この2プレート金型のほかに，3プレート金型がある。2プレート金型は，分割面を境にして，固

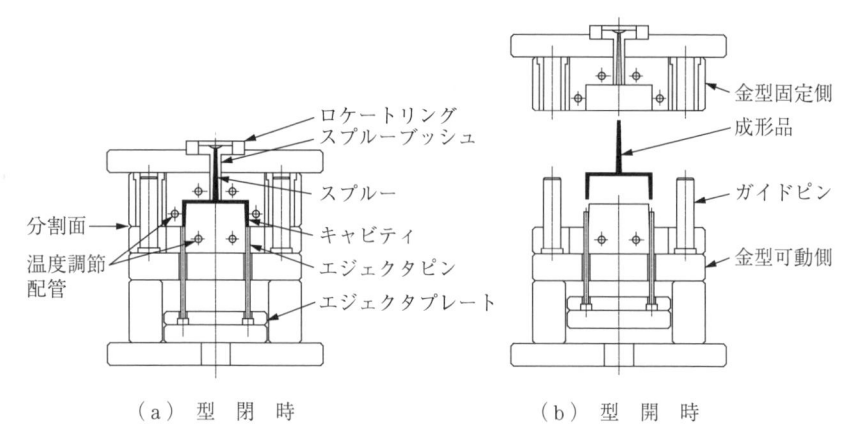

(a) 型閉時　　　　　　　　　(b) 型開時

図5.10　2プレート金型の基本構造

定側と可動側の2枚のプレートで構成されている。一方，3プレート金型は，可動側と固定側の間にもう1枚型プレートが挿入された構造で，型開きの際に，**スプルー**（sprue）・**ランナー**（runner）と製品部とを自動的に分離できることを特徴としている。金型には，成形品を取り出すための，エジェクタプレートとエジェクタピン，あるいはストリッパープレートなどの突出し機構が備わっている。それらを用いて，金型可動側の分割面から成形品を円滑に引き剝がす。アンダーカット部を有する製品には，スライドコア構造などが用いられる。

　金型内には，溶融プラスチックを冷却固化あるいは加熱硬化させるために，温水あるいは油などの熱媒体を循環させる**温度調節配管**（cooling channel），あるいは電気ヒータの挿入穴が設けられている。熱媒体の循環には金型温度調節器などが用いられる。

　射出成形機のノズルから射出された溶融プラスチックは，スプルー，ランナーを通過して**ゲート**（gate）から製品部となる**キャビティ**（cavity）へと充てんされる。キャビティの周囲には，キャビティ内の空気や，溶融プラスチックから発生するガスを金型の外へと排気するための**ガスベント溝**（gas bent）が設けられる。

　ランナーは，溶融プラスチックをキャビティ部へと導く流路である。射出成形では，生産性を考慮して，一度の成形サイクルで多数の成形品を同時に成形することが多く，その際には，ランナーは，例えば**図 5.11** に示すような配置が行われる。また，ランナーやキャビティ内における溶融プラスチックの流動

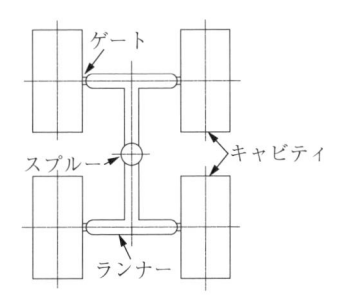

図 5.11　ランナーの配置例

圧力損失が大きいと充てん不良などが発生するために，圧力損失をできるだけ小さく抑えるようなランナー配置が必要となる。

ゲートは，キャビティへの流入口となるもので，製品とランナーを切断（ゲートカット）しやすくすること，例えば，多数個取り成形などの場合には，各キャビティ内に流入する溶融プラスチックの流量を調節することなどの役割を果たす。**図 5.12** は，ゲートの種類を示しており，最も一般的な**サイドゲート** (side gate) や，薄い幅を持った**フィルムゲート** (film gate) や**ファンゲート** (fan gate)，型開き時に自動的にゲートカットが行われる**サブマリンゲート** (submarine gate) や**ピンポイントゲート** (pin point gate)，さらに，**ディスクゲート**などの種類がある。

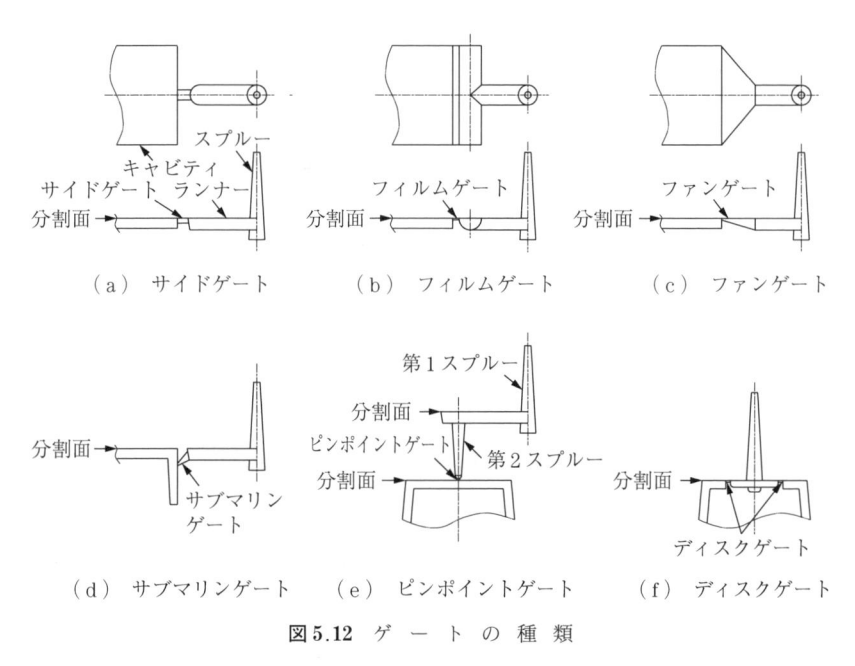

(a) サイドゲート　　(b) フィルムゲート　　(c) ファンゲート

(d) サブマリンゲート　　(e) ピンポイントゲート　　(f) ディスクゲート

図 5.12　ゲートの種類

〔4〕**射出成形技術**　　射出成形を行う際の一般的な制御因子は，可塑化・計量工程では加熱シリンダ温度およびスクリュー回転数，スクリュー背圧などが挙げられ，一方，射出から冷却工程では，**射出率**（スクリュー速度，injection rate）および**保持圧力** (holding pressure)，**保圧時間** (pressure holding period), **金型温度**(mold temperature), **冷却時間**(cooling time) などが挙げられる. プラスチックの特性(例えば**粘度**(viscosity)など)は異なるために, 個々のプラスチックに対応して異なった条件設定を行う. 条件設定が適切でない場合や, 成形品・金型設計や金型加工精度に問題がある場合には, 成形不良が発生する.

射出成形における不良としては, 図5.13に示すV溝状の**ウェルドライン**(weld line)や, **フローマーク**(flow mark), **ジェッティング**(jetting), **シルバーストリーク**(銀条痕, silver streak), **焼け**(burning), **ボイド**(気泡, void), **ばり**(flush)などの製品の外観不良と, **ショートショット**(充てん不良, short-shot)や**形状転写不良**, **ひけ**(sink mark), さらに, **そり変形**(warp)などの製品の形状・寸法不良などが挙げられる. そのため, 成形条件の調節や成形品・金型設計上の工夫, 成形材料の改良などにより, その抑止が試みられている.

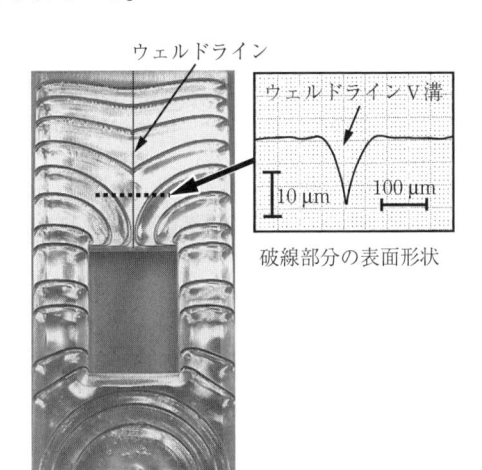

図5.13 ウェルドライン
(ショートショットサンプルの重ね合わせ)

また, **CAE**(computer aided engineering)を用いて金型内における溶融プラスチックの充てんパターン(filling pattern)や温度・圧力分布状況, さらに, 成形品の収縮や変形を予測する方法も実用化されている. CAEを用いて, 成形不良が発生する箇所の予測や, 成形不良が発生しない成形品形状や成形条

件の検討などの対策が行われている。

〔5〕 **特殊な射出成形** プラスチック製品の多様化および高機能・高品位化に伴い，これまでにいろいろな種類の射出成形技術が開発されてきた。異なる色や材質で構成された多層の成形品，あるいは混色模様の成形品を成形するための多色・異材射出成形（**図5.14**）や**サンドイッチ射出成形**（sandwich injection molding），また，成形品内に雌ねじやピンなどのインサート部品や，加飾されたフィルムを挿入して一体型の成形品を成形する**インサート・アウトサート成形**（insert/outsert injection molding）などが利用されている。

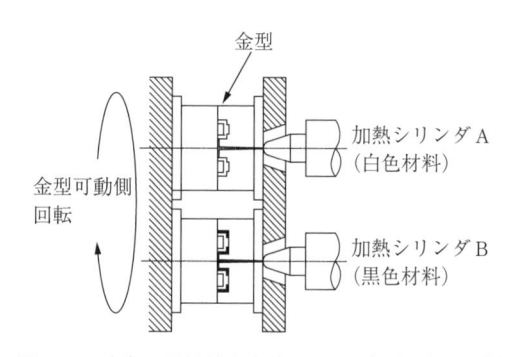

図5.14 多色・異材射出成形における成形工程の一例

　成形品内に多数の気泡を生成させて，製品の軽量化や形状・寸法精度の向上などをはかる**射出発泡成形**（foam injection molding）や，射出成形と圧縮成形を組み合わせて，形状・寸法精度が優れ，かつ**残留ひずみ**（residual strain）や**残留応力**（residual stress）の少ない成形品を成形する**射出圧縮成形**（injection press molding）などが利用されている。

5.3.2 押出成形

　押出成形は，ペレットやフィルム・シート，パイプ・チューブ，繊維，異形断面の連続体のプラスチック製品を製造するために，従来から用いられてきた。また，紙やアルミ箔などを積層したラミネートフィルムや，被覆電線などの製造にも用いられている。

〔1〕 **押出機の基本構造** 図5.15は，押出機（extruder）の基本構造を示している。押出機は，プラスチックを可塑化・混練するための**バレル**（barrel）とスクリュー，そして製品形状を賦形するためにバレル先端部に設置されたダイで構成されている。バレルには，ヒータと冷却水配管などが設けられており，温度制御がなされる。図5.15に示したようなバレル内にスクリューが1本装備されているものは**単軸押出機**（single screw extruder），また，2本装備されているものは**二軸押出機**（twin screw extruder），さらに，3本以上装備されているものは多軸押出機と呼ばれる。押出機は，おもにプラスチックを可塑化・溶融する目的と，異種のプラスチックや，プラスチックと強化材あるいは充てん材を混合・混練してペレットを造粒する目的を同時に有している。

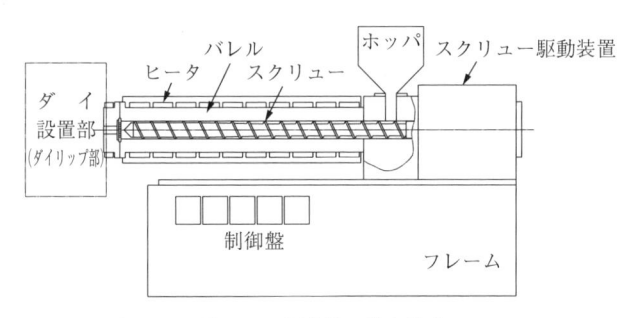

図5.15 押出機の基本構造

〔2〕 **ダイの種類と役割** 押出成形では，所定の断面形状を有する連続体の成形品を得るために，押出機の先端部にダイが設置される（図5.15）。ダイは，押出機のバレル内で可塑化・溶融されたプラスチックを所定の断面形状に賦形するという役割を持っている。賦形を行う部分は，**ダイリップ**（die lip）部と呼ばれる。

図5.16は，フィルム・シートやパイプ・チューブなどの成形品を製造するための基本的なダイ形状を示している。ダイリップ形状を変化させることによって，フィルム・シートや，パイプ・チューブ，異形断面品，繊維など，さまざまな連続体の成形品を成形することができる。ただし，ダイから押し出さ

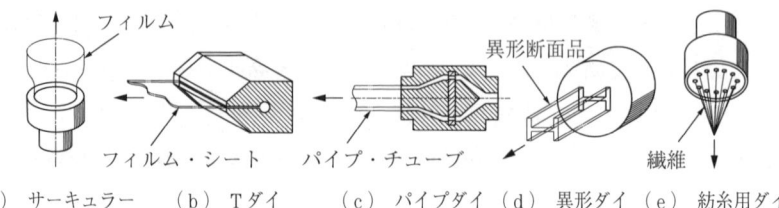

(a) サーキュラーダイ　(b) Tダイ　(c) パイプダイ　(d) 異形ダイ　(e) 紡糸用ダイ

図5.16　押出成形におけるダイの形状

れる成形品は，ダイリップの断面形状と必ずしも一致しないため，溶融プラスチックの膨張（**ダイスウェル**，die swell）特性などの影響を考慮してダイリップ形状の設計が行われる．以下では，図5.16に示した各種ダイを用いた押出成形法の中から代表的なものを選択して，その成形工程および特徴について述べる．

〔3〕**フィルム・シート成形**　包装用や電気・電子機材用のフィルムやシートは，**Tダイ**（T-die）を用いるTダイ法，あるいは，**サーキュラダイ**（circular die）を用いる**インフレーション法**（inflation technique）によって成形される．図5.17は，Tダイ法によるフィルム成形工程を示している．

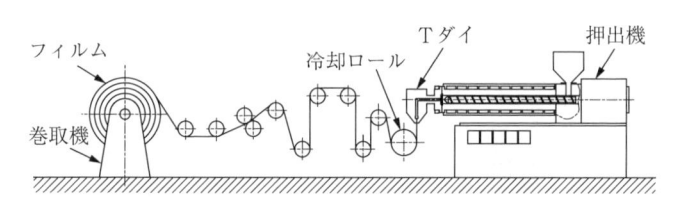

図5.17　Tダイ法によるフィルム成形工程

Tダイから押し出された幅の広い帯状の溶融プラスチックを，冷却ロールの表面で冷却・固化させて巻き取る．**フィルム・シート成形**（film-sheet casting）では，強度やガスバリヤ性，透明性などの諸特性を向上させるために，成形材料の**ガラス転移点**（glass transition point）T_g以上，**融点**（melting point）T_m以下の温度状態において，分子を縦横（二軸）方向に**配向**（orientation）させる**延伸**（stretching）と呼ばれる操作が行われることがある．

図 5.18 は，**二軸延伸フィルム**（biaxial stretching film）の成形工程を示している．まず，無延伸のフィルムを予熱ロールによって再加熱しながら縦方向に延伸し，つぎに，オーブンテンター内で横方向に延伸して，最後に巻き取る．このほか，Tダイ法では，複数の押出機で可塑化・混練された異なるプラスチックを多層構造にしてTダイから押し出す**共押出成形**（co-extrusion）や，Tダイから押し出されたフィルムを紙やアルミ箔などの基材の上に積層して，圧力ロールと冷却ロールにより接着し，多層フィルムを成形するラミネート成形などがある．

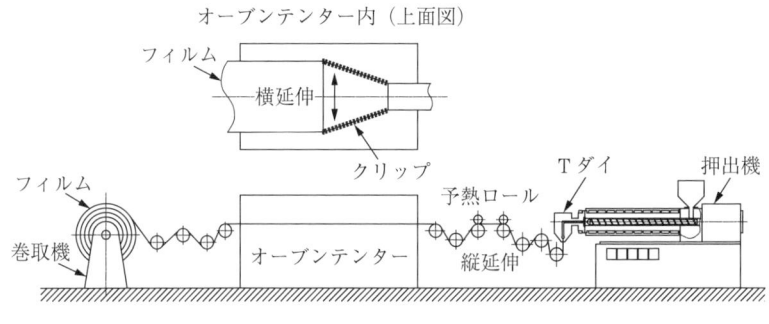

図 5.18　二軸延伸フィルムの成形工程

図 5.19 は，インフレーション法によるフィルム成形工程を示している．環状のダイリップ部を持つサーキュラダイから，チューブ状のフィルムを押し出

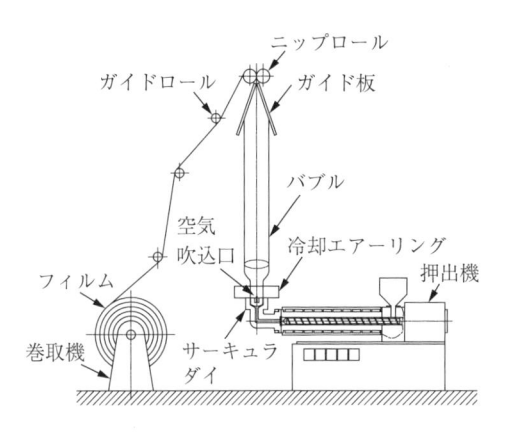

図 5.19　インフレーション法によるフィルム成形工程

し，チューブの内部に空気を吹き込み所定の寸法に膨らませ，また，冷却**エアーリング**（air ring）から吹き出す空気によりフィルムを冷却・固化させて，最後に巻き取る．インフレーション法においても，必要に応じて二軸延伸が行われる．

〔4〕**パイプ・チューブ成形**　図5.20は，パイプ・チューブの成形工程の一例を示している．パイプ・チューブ成形では，**マンドレル**（mandrel）が設置された環状のダイリップ部を有するパイプダイを用いて成形が行われる．本成形法では，環状ダイリップ部から押し出された溶融プラスチックを所定の寸法に賦形（サイジング，sizing）し，冷却固化させる．図5.20は，サイジングプレート法と呼ばれ，サイジングプレートと冷却水槽により，パイプのサイジングと冷却が同時に行われる．本成形法で成形されたパイプは，水道管や雨樋，ガス管などに用いられる．パイプ・チューブ用のプラスチックとしては，ポリ塩化ビニルやポリエチレン，ポリプロピレンなどが用いられる．

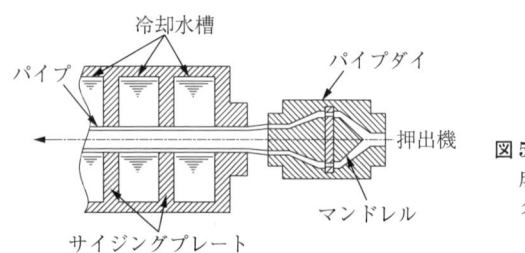

図5.20　パイプ・チューブの成形工程の一例（サイジングプレート法）

〔5〕**紡　　糸**　プラスチックで繊維を成形する工程を，**紡糸**（spinning）と呼ぶ．図5.16の(5)に示されているように，ノズル穴が円周状に多数配置された紡糸用ダイから押し出された溶融繊維が，冷却および延伸，熱処理の工程を経て巻き取られる．本成形法は，ポリオレフィン繊維（高密度ポリエチレン，ポリプロピレン），ポリエステル繊維（ポリエチレンテレフタレート），ナイロン繊維（ポリアミド）などの成形に用いられる．

〔6〕**被覆成形**　押出成形は，電気絶縁のための電線の被覆にも適用される．図5.21は，被覆電線の成形工程を示している．予熱された電線を**被覆**

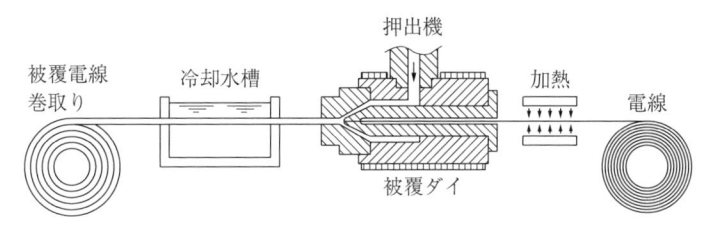

図 5.21 被覆電線の成形工程

ダイ（coating die）中に通して，電線の表面をポリエチレンやポリ塩化ビニルなどの溶融プラスチックで覆い，冷却して巻き取る。

5.3.3 ブロー成形

ブロー成形は，中空成形とも呼ばれ，**パリソン**（parison）と呼ばれる予備成形品の内部に空気を吹き込み，ボトルやガソリンタンクなどの中空の成形品を成形する方法である。**ダイレクトブロー成形**（direct blow molding）および**インジェクションブロー成形**（injection blow molding），**ストレッチブロー成形**（stretch blow molding）の三つの種類がある。ボトルにガスバリヤ性などの機能性を付加するために，異なるプラスチックで多層化する技術も用いられている。以下では，代表的なブロー成形法の成形工程とその用途について述べる。

〔1〕 **ダイレクトブロー成形**　ダイレクトブロー成形は，ブロー成形の中で最も歴史が古く，押出し中空成形とも呼ばれる。**図 5.22**は，ダイレクトブロー成形の成形工程を示している。押出機からチューブ状のホットパリソンを押し出し，冷却固化しない間に金型を閉じ，ホットパリソンの内部に空気を吹き込んで膨張させ，金型内壁面に形状を転写させて中空成形品を成形する。ポリエチレンやポリプロピレン，ポリ塩化ビニル，ポリスチレン，ポリカーボネートなどが成形に適用され，食品用ボトルや洗剤・薬品ボトルをはじめとして，ガソリンタンクやスポイラー，ダクトなどの自動車用部品の成形にまで用いられている。

〔2〕 **インジェクションブロー成形**　インジェクションブロー成形は，射

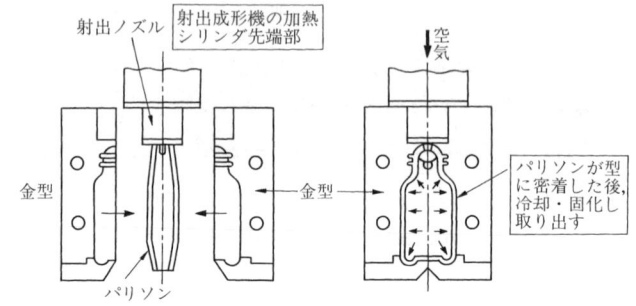

(1) チューブ状に原料を押し出す　(2) 型を閉じて空気を吹き込む

図5.22　ダイレクトブロー成形の成形工程

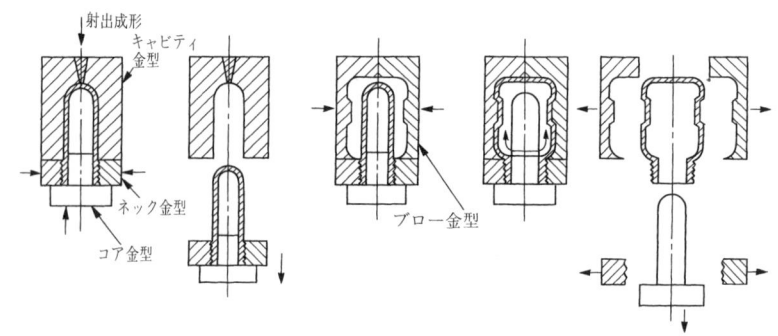

(1) パリソン成形　(2) パリソン引抜き　(3) ブロー金型閉じる　(4) ブロー成形　(5) 製品取出し

図5.23　インジェクションブロー成形の成形工程

出中空成形とも呼ばれる。図5.23は，インジェクションブロー成形の成形工程を示している。射出成形を用いて試験管形状のコールドパリソンを予め成形しておき，コールドパリソンを半溶融状態にしてブロー金型内に挿入して，内部に空気を吹き込み膨張させて中空成形品を成形する。ダイレクトブロー成形に比べて，薄肉の製品の成形に適しており，ボトルの口部（ねじ部）の寸法精度が高いなどの利点を有している。本成形法は，耐衝撃性ポリスチレンを用いた乳酸飲料用ボトルなどの成形などに用いられている。

〔3〕**ストレッチブロー成形**　ストレッチブロー成形は，延伸中空成形とも呼ばれ，おもにペットボトルの成形に用いられている。図5.24は，スト

5.3 成形加工の種類と特徴 133

(1) パリソン挿入　(2) 延　伸　(3) ブロー　(4) 離　型

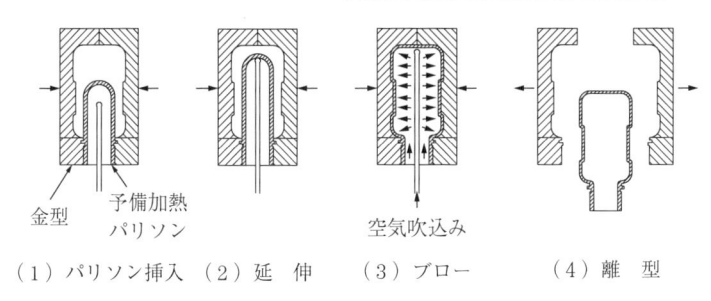

図 5.24　ストレッチブロー成形の成形工程

レッチブロー成形の成形工程を示している。ボトルの強度やガスバリヤ性，透明性などの諸特性を向上させるために，インジェクションブロー成形の空気吹込み前に，軸方向の延伸操作を付加したのが本成形法である。本成形法には，ポリエチレンテレフタレートのほかに，ポリプロピレンやポリ塩化ビニルなどが適用される。

5.3.4　熱　成　形

熱成形は，二次加工法の一つで，フィルムやシートなどを加熱して軟化させ，外力によって賦形する方法である。代表的なものとして，**真空成形**（vacuum forming）と**圧空成形**（pressure forming）が挙げられる。射出成形と比較して，成形品の寸法精度が劣り，また，例えば**リブ**（rib）や**ボス**（boss）部などを有する複雑形状の成形品への適用は困難であるものの，一方，金型や成形機などの設備コストが低いために，おもに，薄肉の食品包装用容器などの生産に広く用いられている。また，自動車内外装部品などのような大形の薄肉成形品への適用も進んでいる。以下では，真空成形と圧空成形の加工工程について述べる。

〔1〕**真空成形**　真空成形には，図 5.25 に示すような**ストレート法**（straight forming）と**ドレープ法**（drape forming）などがある。ストレート法は，熱可塑性プラスチックのシートを金型に固定して加熱して軟化させ，シートと型の隙間に介在する空気を排気孔から吸引排気して，軟化したシート

134   5. プラスチック成形加工

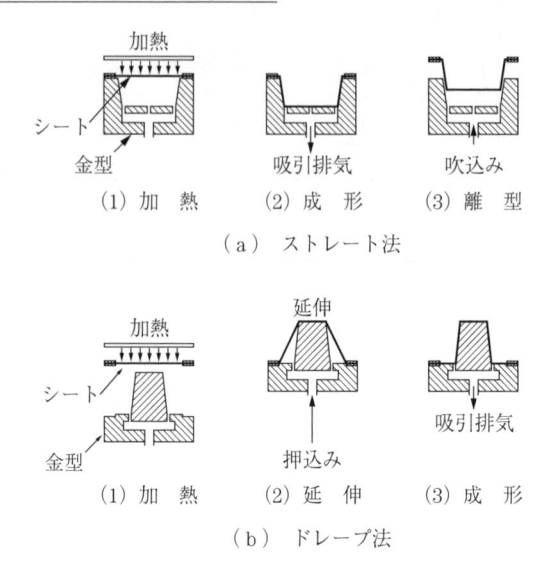

```
        加熱
     ↓↓↓↓↓↓
シート →
金型 →
     (1) 加 熱    (2) 成 形    (3) 離 型
           (a)  ストレート法


        加熱
     ↓↓↓↓↓↓         延伸
シート →                         吸引排気
金型 →             押込み
     (1) 加 熱    (2) 延 伸    (3) 成 形
           (b)  ドレープ法
```

図5.25　真空成形の成形工程

を金型壁面に密着させることで冷却固化させ，最後に成形品の周囲をトリミングして成形品を得る方法である。

　ストレート法では，底の深い容器を成形する際に，成形品の肉厚が不均一になる問題が発生する。このような場合には，ドレープ法が適用される。ドレープ法では，加熱されたシートに金型を押し込み，シートを予備延伸してから排気吸引する。ドレープ法により，深絞り成形や複雑形状の成形品の成形が可能となる。

〔2〕**圧 空 成 形**　　図5.26は，圧空成形の成形工程を示している。圧空成形では，真空成形とは異なり，圧縮空気を使用する。予備加熱したシートを金型に挟み込み，圧縮空気を吹き込んでシートを金型壁面へと密着させ冷却固化させる。最後に，成形品の周辺をトリミングして成形品を得る。圧空成形では，圧縮空気を用いるために，真空成形よりも成形品の寸法精度を向上させることができ，延伸シートなどにも適用できる点が特徴である。

5.3 成形加工の種類と特徴

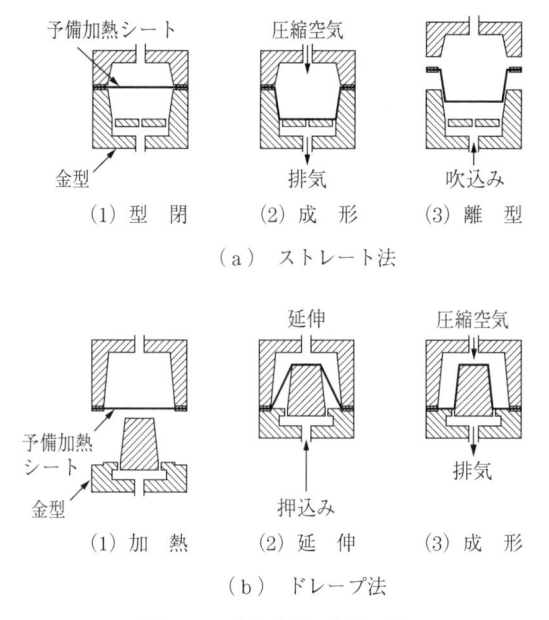

```
(1) 型閉      (2) 成形     (3) 離型
        (a) ストレート法

(1) 加熱      (2) 延伸     (3) 成形
        (b) ドレープ法
```

図 5.26 圧空成形の成形工程

5.3.5 その他の成形法

〔1〕 **圧 縮 成 形**　　圧縮成形は，プラスチック成形加工法の中で最も歴史の古いものの一つであり，熱硬化性プラスチックの代表的な成形法である。粉末状の熱硬化性プラスチックを，高温に保たれた金型内に挿入し，金型を閉じて加圧・加熱する。粉末状の材料は，いったん液状へと変化しキャビティ内の隅々まで充てんされる。その後，加熱により硬化反応が進んで固化し，成形品が取り出される。本成形法では，成形中に発生するガスを抜く工程が必要となる。本成形法では，フェノール樹脂やエポキシ樹脂，不飽和ポリエステル樹脂などが適用され，配電盤やソケット，コネクタなどの電気・電子部品や食器，トレーなどが成形される。

〔2〕 **トランスファ成形**　　トランスファ成形は，LSIなどの半導体の実装品を，外部環境から保護したり絶縁したりするために，熱硬化性プラスチック

136   5. プラスチック成形加工

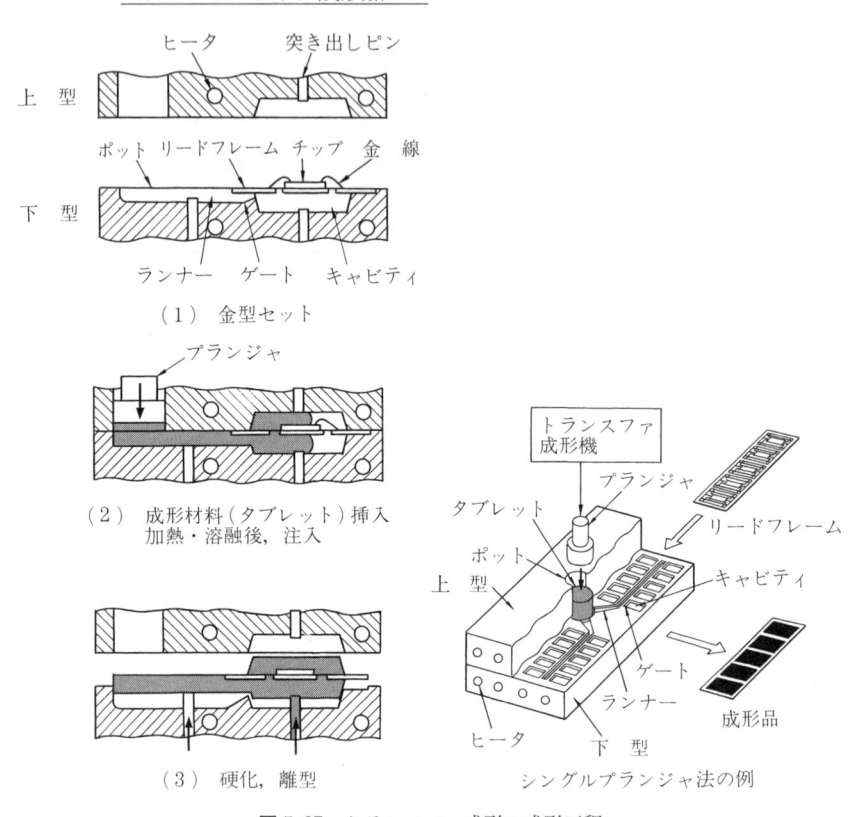

図5.27 (1) 金型セット
ヒータ / 突き出しピン / 上型 / ポット / リードフレーム / チップ / 金線 / 下型 / ランナー / ゲート / キャビティ

(2) 成形材料（タブレット）挿入 加熱・溶融後，注入
プランジャ

(3) 硬化，離型

シングルプランジャ法の例
トランスファ成形機 / プランジャ / タブレット / リードフレーム / ポット / キャビティ / 上型 / ゲート / ランナー / ヒータ / 下型 / 成形品

図5.27 トランスファ成形の成形工程

で封止（パッケージング）する成形方法である。図5.27にトランスファ成形の成形工程を示す。LSIなどが実装された**リードフレーム**（lead frame）などを金型の上下分割面に挟み，また，熱硬化性プラスチックの粉末が押し固められた**タブレット**（tablet）を**ポット**（pot）に挿入する。タブレットを加熱・加圧して液状へと変化させてリードフレームの上下に設けられたキャビティ内に充てんさせて，加熱硬化させる。本成形法では，エポキシ樹脂系の複合材料が適用される。

〔3〕**粉末成形**　粉末成形（powder molding）は，粉末状のプラスチックから，金型内で圧縮や加熱，溶融，冷却固化などの工程を経て，連続体の成形品を得る成形法である。粉末成形には，スラッシュ成形や**回転成形**

(rotational molding)，**焼結成形**（sintering molding），**粉末加圧成形**（powder compression molding），流動浸漬などの種類がある．ここでは，代表例として，回転成形の成形工程について述べる．

図 5.28 は，回転成形の成形工程を示している．回転成形機の金型内に粉末状のプラスチックを挿入し，金型を加熱しながら回転させ，粉末粒子を溶融して金型内壁面に層状に付着させる．付着したプラスチックが均一に溶融するまで加熱した後に冷却固化させ，中空の成形品を取り出す．本成形法では，ポリエチレンやポリプロピレン，ナイロン，ポリカーボネートなどが適用され，ボールやタンクなどの中空成形品が成形される．

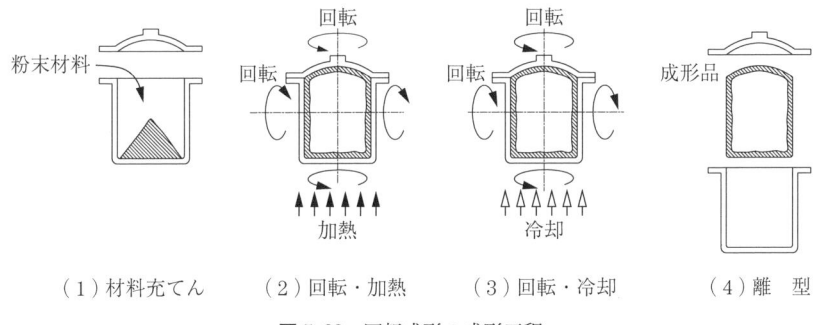

（1）材料充てん　　（2）回転・加熱　　（3）回転・冷却　　（4）離　型

図 5.28　回転成形の成形工程

演 習 問 題

【1】 熱可塑性プラスチックと熱硬化性プラスチックの分子構造および特性の違いを説明せよ．

【2】 射出成形と熱成形を比較しながらそれぞれの長所と短所を説明せよ．

6 溶接加工

6.1 溶接加工の概要

　機械製品や構造物などの工業製品を製造するうえで，ボルト・ナットによる締結技術とともに接合技術はきわめて重要である。前者は機械的接合で取り外しや分解が可能なのに対して，後者は溶接に代表される冶金的接合である。金属の接合は紀元前の時代より鍛接技術が広く普及し，いわゆる「村の鍛冶屋」として農作業における鋤・鍬・鎌の製造と修理に貢献してきた。しかし，母材を溶かして融接する「溶接」は工学分野の中では比較的新しい技術である。19世紀の後半にロシアで炭素アークの発熱を利用した融接の可能性が示され，被覆アーク溶接が1902年に発明された。本格的な工業的利用は第一次大戦の頃からで，リベット構造に代わり溶接で船舶の製造が可能となってからである。
　今日では，溶接は集積回路内部のボンディングから自動車の車体，20万キロリットルの原油タンク，本州四国横断橋など，ミクロンサイズから数キロメータといった超大形構造物の製造に広く利用されている。それは，以下のような優れた特性を有しているからである。

① 大形で強い構造物を製作できる。
② 製品重量を軽減することができる。
③ 作業工程が少なく，製作期間を短縮することができる。
④ 水密，気密性を保つ構造物を容易に製作できる。

　しかし，溶接作業は局部的な加熱による母材の溶解と凝固という過程を伴う

ため，不適切な作業により溶接部に残留応力や溶接欠陥を生じる可能性がある。特に表面に開口したクラックは脆性破壊の起点となり，破壊強度を大きく低下させる危険性を有している。

したがって，溶接加工を行うには材料の冶金的な知識とともに，アーク物性や溶融金属の対流などの溶接現象を良く理解しておく必要がある。

6.2 溶接加工の基礎

6.2.1 溶接法の分類

溶接（welding）は2個以上の物質を局部的に接合する技術であり，数十種類以上の溶接法が実用化されている。**図6.1**は冶金的接合法を機械的接合法と対比して分類したものである。接合界面の状態により，接合時の母材が液相か固相かにより融接，圧接，ろう接に大別し，ついで加工時の熱源，大気との

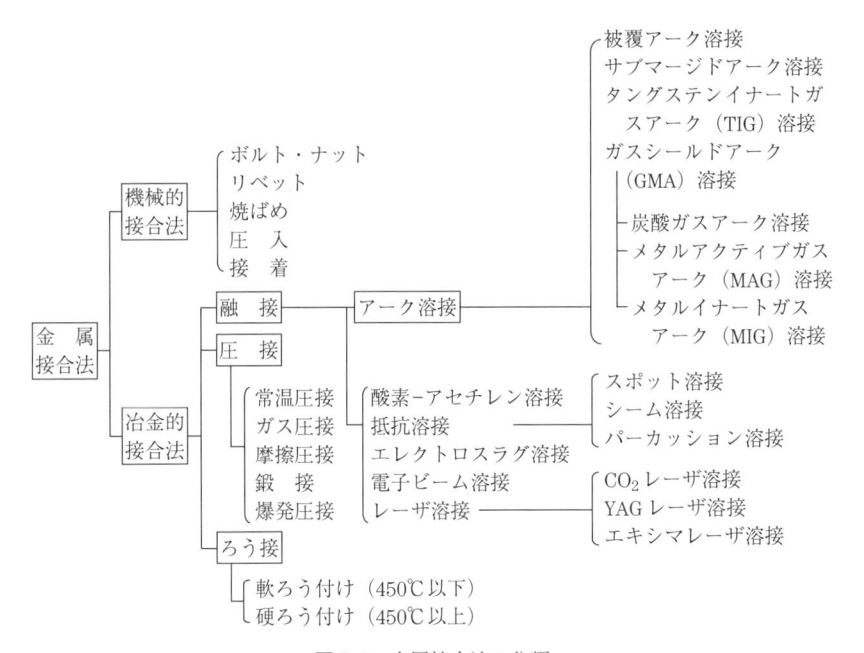

図6.1 金属接合法の分類

シールド方法等により細分化した。

6.2.2　被覆アーク溶接

被覆アーク溶接（shielded metal arc welding）は最も早く実用化されたもので，被覆剤（フラックス）を塗布した溶接棒（心線）と被加工物（母材）との間に発生したアークの熱を利用して行う方法である。**図 6.2** に示すように溶接棒のつかみ部をホルダーで固定して使う。設備コストも安く，良好な溶接が手軽にできるので，現在でも鉄鋼材料を中心に広く用いられている。簡便な方法であるが，ここには溶接現象の基礎的な機能・効果が凝縮されており，溶接加工の全体像を理解するための基礎である。

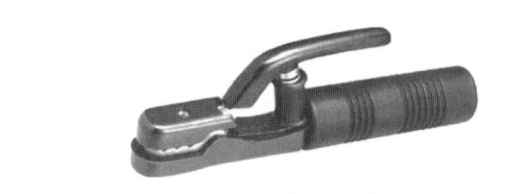

（a）　溶接棒ホルダー

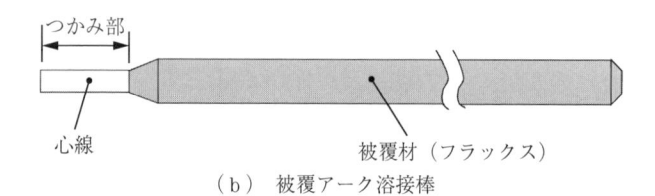

（b）　被覆アーク溶接棒

図 6.2　被覆アーク溶接におけるホルダーと溶接棒

被覆アーク溶接における溶接メカニズムを**図 6.3** に示す。溶接棒を母材と接触させてから引き離すことでアークが発生する。このアークを通して流れる電流は，溶接棒の太さにもよるが 50〜500 A 程度となり，青白い強烈な光とともに温度は 6 000 ℃ 以上に達する。鉄の融点は 1 539 ℃ であり，このアークを利用することで鉄鋼材料を簡単に溶融することが可能である。しかしながら，大気中には酸素が 21 % 含まれており，溶融状態の金属が大気に触れると激しい酸化が生じ，溶接品質を著しく劣化させる。すなわち，溶接加工においては

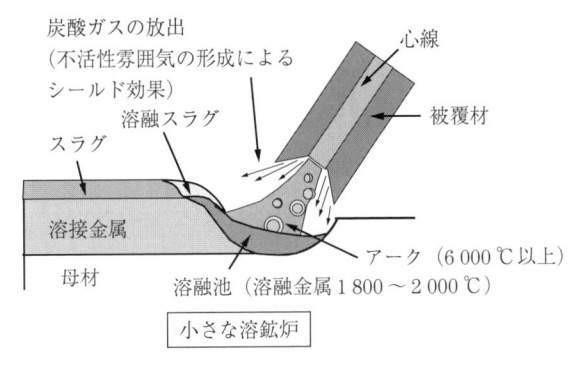

図6.3 被覆アーク溶接における溶接メカニズム

溶融部分を大気からシールドすることが重要になる。

心線の周りに厚く塗布された被覆材は，アークの熱で溶融・分解（ガス化）することで消耗していく。実際には心線の消耗が先行するため，溶接中は図6.3に示すような形状の被覆筒を維持することで溶滴の移行を方向付ける。さらに，発生したガス（二酸化炭素，水素，一酸化炭素など）は，あたかもロケットのノズルから噴射されるようにアークの周辺に流れて，還元性雰囲気を形成し大気（酸化性雰囲気）と遮断する役割を果たす。

また，アークの内部では原子の激しい熱運動によって電離してイオンと電子が混在するプラズマ状態になっている。このようなアークが気流により冷却されると，アークの外周部の温度が下がり電導度が低下するため電流は中心部に集中して流れる。すなわち，冷却面積を小さくするように収縮する結果，単位面積当りの電流密度は上昇しアーク温度は上昇する。このような現象を**熱的ピンチ効果**（thermal pinch effect）と呼び，アークの安定にも寄与している。

〔1〕 **溶融した被覆材の働き**　被覆材の成分はセルロース，陶土，タルク，イルミナイト，けい酸ソーダ，水ガラス，石灰石，けい砂のほか，金属成分として，酸化チタン，二酸化マンガン，フェロマンガンなどが含まれている。アークの熱によってガス化するだけでなく，融点の低い適当な粘性を持つスラグを形成する。このスラグは，心線が溶融し溶滴として溶融池に移行する際に，比重の違いから溶滴をくるむようにして大気に接触するのを防ぐ。さら

に，溶融池内において脱酸・精錬作用を行うとともに溶接金属に適当な合金成分の添加も行う。すなわち小さな溶鉱炉のような反応の場となっている。

〔2〕 **溶滴の移行**　被覆アーク溶接における溶滴の移行を図 6.4 に示す。心線が溶融し溶融池に移行している。図（a）はスプレー移行で，被覆筒内部から霧状に吹き付けられ上向き溶接が可能になる。図（b）は粒滴移行あるいはグロビュール移行で，溶融した金属が重力により落下する。図（c）は短絡移行で，アーク長が短い場合，粒滴が母材に接触短絡している。溶融池の大きさに対して十分に小さな粒滴が接触すると，表面張力により粒滴側の内部の圧力が高いため溶融金属は溶融池側に押し出される。この移行形式でも上向き溶接が可能である。

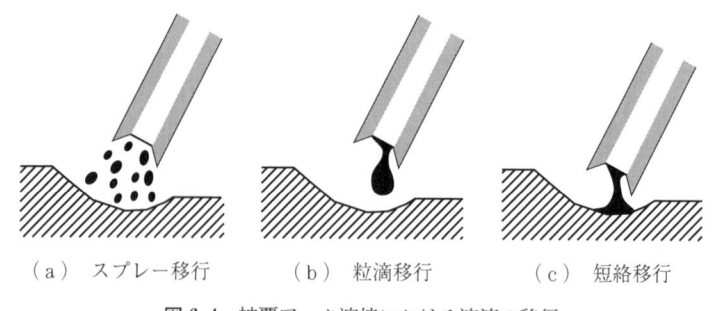

　　（a）　スプレー移行　　　（b）　粒滴移行　　　（c）　短絡移行
図 6.4　被覆アーク溶接における溶滴の移行

〔3〕 **溶融金属の凝固とスラグの役割**　溶融池内での溶融金属の挙動は，わかりやすく言えばコップに入れた水の表面にストローで息を吹くことで水面がへこみ，さざ波が立つのと同様である。溶融金属はアークに吹き寄せられて余盛高さを稼ぎ，溶接金属（ビード）表面のリップル模様を形成する。溶融したスラグの比重は軽いために，溶融金属の上を覆い，大気から完全に遮断する。凝固したスラグは断熱材の役割を果たし，溶接金属の急冷と表面の酸化を防ぐ。さらに溶接金属の温度が 400 ℃程度以下になると，自然にスラグが剥がれ落ちる。実際にこのような経過でスラグが除去された場合，溶接金属表面は金属光沢を示し青熱酸化被膜は認められない。すなわち，スラグは溶接金属が 400 ℃以下になるまで大気と遮断して徐冷する役割も担っている。

6.2.3 アークによる発熱とその特性

〔1〕 **アーク発熱**　溶接部に与えられる熱量を**溶接入熱**(weld heat input) と呼ぶ。被覆アーク溶接において溶接の単位長さ 1 cm 当りに発生する電気エネルギー Q は，溶接棒と母材との間のアーク電圧 E〔V〕とそこに流れる溶接電流 I〔A〕と溶接速度 v〔cm/min〕より次式で与えられる。

$$Q = 60\frac{EI}{v}\ \text{〔J/cm〕}$$

通常の被覆アーク溶接では，アーク電圧 30 V，溶接電流 200 A，溶接速度 15 cm/min 程度であり，このときの溶接長さ 1 cm 当りの溶接入熱は 24 000 J となる。一般的な溶接条件において投入された溶接エネルギーは，溶接棒の溶融に 15 %，溶接金属の生成に 20〜40 %，母材の加熱・被覆材の溶解，輻射に 60〜80 % の比率で消費される。

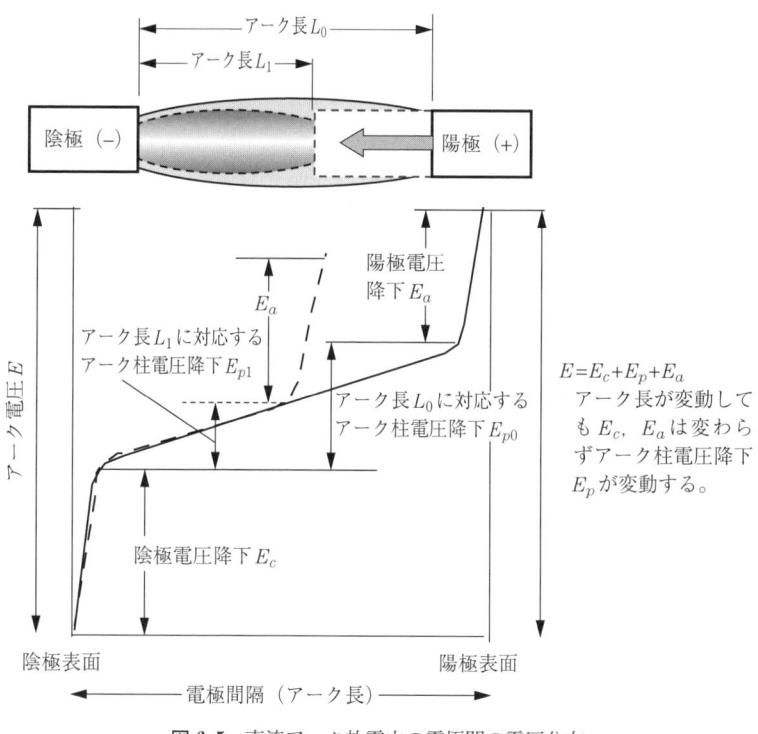

図 6.5　直流アーク放電中の電極間の電圧分布

144   6. 溶 接 加 工

〔2〕 **アーク電圧の分布**　アークによる発熱はアーク電圧の分布と密接な関係がある。図 6.5 に直流アーク放電中の電極間の電圧分布を示す。アーク電圧は電極間に一様に分布しているのではなく，陰極と陽極の近傍に大きな電圧降下がある。それぞれ陰極降下 E_c，陽極降下 E_a と呼び，この間の部分電圧は電極間の距離に比例して直線的に変化する。この領域をアーク柱降下あるいはプラズマ降下 E_p と呼ぶ。ここで陽極降下と陰極降下の値は，それぞれの電極材質により一義的に定まる。したがって，アーク長を変化させてアーク電圧が変動しても，アーク柱降下分で発生する熱エネルギーの変動は周辺の大気を加熱するのに費やされるために，母材や溶接棒の溶融への寄与は少ない。

しかし，実際の溶接において陰極と陽極での発熱量は，それぞれの降下電圧と流れる電流の積から求められる値とは異なり，陽極側の発熱量が著しく大きくなる。この原因は電子が放出される陰極では電子放出により熱が奪われるのに対して，プラズマ内で加熱・加速された電子を受ける陽極では，電子の運ぶ熱だけでなく運動エネルギーが熱として解放されて発生熱量が増大するからである。

6.2.4　電　源　特　性

アーク溶接は低電圧・大電流で行われる。溶接用電源の出力端子での電圧と電流の関係を外部特性曲線と呼び，一般には図 6.6 に示す**垂下特性**（drooping characteristic）と**定電圧特性**（constant current characteristic）の 2 種

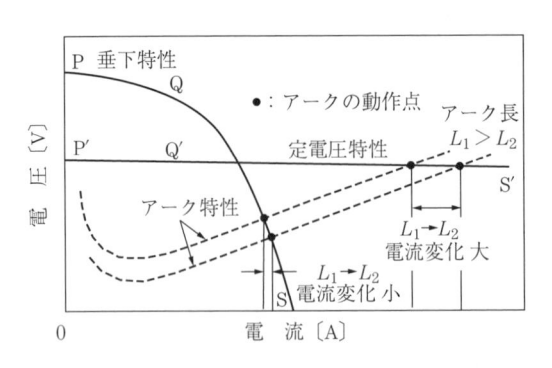

図 6.6　外部特性曲線

類の電源特性が用いられる。

〔1〕 **垂下特性** 曲線 PQS のように，電流の増加に伴って電圧が大きく低下する特性を有する。ここで点 P の電流はゼロ（アークは発生していない）であり，このときの電圧が無負荷電圧である。点 S での電圧はゼロ（アーク長がゼロ）であり，溶接棒と母材が短絡していることを示す。図中の破線はアーク長が一定の場合のアーク特性（電流・電圧の関係）を示し，外部特性曲線との交点でアークが発生する。

垂下特性電源の特徴は，アーク長が変動しても溶接電流の変動が少ないことである。前述したように，アーク電圧の変動はほとんどがアーク柱降下の変化であるから，溶接棒や母材の溶解に消費される熱エネルギーの変動は少ない。このため人間が溶接棒を操作するために，アーク長が変化しやすい被覆アーク溶接には垂下特性の電源が使用される。

〔2〕 **定電圧特性** 商用電源と同じように，電流が変化しても電圧がほぼ一定に保たれる特性を定電圧特性と呼ぶ。アーク長が変化すると電圧の変化は少ないが，溶接電流が大きく変動するために溶接棒の溶融速度が変化する。溶接棒を速度一定で送った場合，アーク長が短くなると電流は増加して溶接棒の溶融速度が増してアーク長は長くなる。しかし，長すぎると溶融速度が低下するためにアーク長が短くなる。このように自動的にアーク長を調整する効果を自己制御作用と呼び，後述するガスシールドアーク溶接のワイヤ（溶接棒）の定速送供方式と組み合わせて使用される。

6.2.5 被覆アーク溶接棒

被覆アーク溶接に使用する被覆溶接棒に用いられる心線の直径は 1～10 mm 程度，長さは 350～900 mm までの各種サイズがある。被覆材の種類，溶着金属の引張強さ，作業姿勢によって分類される。設計上の継手効率 100 % を達成するために，溶接金属の引張強度が母材よりも 5～10 % 程度高い溶接棒を選択する必要がある。表 6.1 に軟鋼，高張力鋼および低温用鋼用被覆アーク溶接棒（JIS Z 3211：2008）の規格抜粋を示す。

表 6.1 (a) 軟鋼, 高張力鋼および低温用鋼用被覆アーク溶接棒 (JIS Z 3211 : 2008)

記号	被覆材の系統	引張強さ [MPa]	耐力 [MPa]	伸び [%]
E 4303	ライムチタニア系	430 以上	330 以上	20 以上
E 4903	ライムチタニア系	490 以上	400 以上	20 以上
E 4310	高セルロース系	430 以上	330 以上	20 以上
E 4910	高セルロース系	480〜650	400 以上	20 以上
E 4312	高酸化チタン系	430 以上	330 以上	16 以上
E 4316		430 以上	330 以上	20 以上
E 4916		490 以上	400 以上	20 以上
E 5516-NI		550 以上	460 以上	17 以上
E 59 J 16-G	低水素系	590 以上	500 以上	16 以上
E 6216-G		620 以上	530 以上	15 以上
E 6916-G		690 以上	600 以上	14 以上
E 7816-G		780 以上	690 以上	13 以上
E 8316-G		830 以上	740 以上	12 以上
E 4318	鉄粉低水素系	430 以上	330 以上	20 以上
E 4918	鉄粉低水素系	490 以上	400 以上	20 以上
E 6918-G	鉄粉低水素系	690 以上	600 以上	14 以上
E 8318-G	鉄粉低水素系	830 以上	740 以上	12 以上
E 4319	イルミナイト系	430 以上	330 以上	20 以上
E 4919	イルミナイト系	490 以上	400 以上	20 以上

表 6.1 (b) 溶着金属の引張強さの記号

記号	引張強さ [MPa]	記号	引張強さ [MPa]
43	430 以上	59	590 以上
49	490 以上	59 J	590 以上
55	550 以上	62	620 以上
57	570 以上	69	690 以上
57 J	570 以上	76	760 以上

記号	引張強さ [MPa]
78	780 以上
78 J	780 以上
83	830 以上

表 6.1 (c) 被覆材の種類の記号

記号	被覆材の系統	記号	被覆材の系統
03	ライムチタニア系	18	鉄粉低水素系
10	高セルロース系	19	イルミナイト系
11	高セルロース系	20	酸化鉄系
12	高酸化チタン系	24	鉄粉酸化チタン系
13	高酸化チタン系	27	鉄粉酸化鉄系
14	鉄粉酸化チタン系	28	鉄粉低水素系
15	低水素系	40	特殊系 (規定なし)
16	低水素系	48	低水素系

ここではつぎのような記号によって溶接棒の分類を行っている。

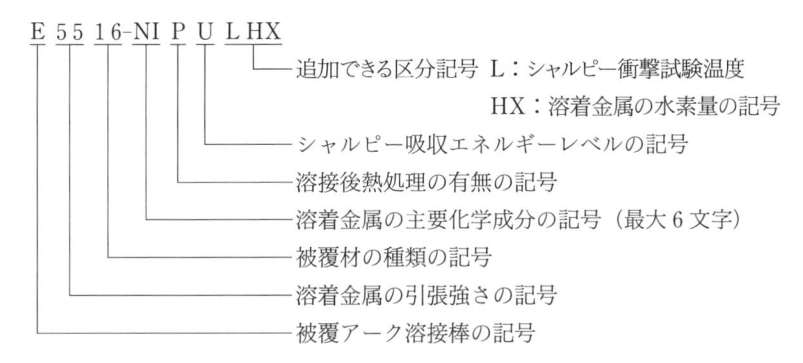

```
E 55 16-NI P U L HX
│  │  │  │  │ │ │ └── 追加できる区分記号 L：シャルピー衝撃試験温度
│  │  │  │  │ │ │                      HX：溶着金属の水素量の記号
│  │  │  │  │ │ └──── シャルピー吸収エネルギーレベルの記号
│  │  │  │  │ └────── 溶接後熱処理の有無の記号
│  │  │  │  └──────── 溶着金属の主要化学成分の記号（最大6文字）
│  │  │  └─────────── 被覆材の種類の記号
│  │  └────────────── 溶着金属の引張強さの記号
│  └───────────────── 被覆アーク溶接棒の記号
```

6.3 溶接加工の種類と特徴

6.3.1 サブマージドアーク溶接

サブマージドアーク溶接（submerged arc welding）は潜弧溶接ともいい，図6.7に示すようにあらかじめ溶接箇所の表面に散布した粒状フラックスの中に裸の溶接棒を供給し，フラックス中で溶接を行う方法である。アーク熱により一部のフラックスが溶解しスラグとなり，溶融池を覆って大気を遮断する。厚く散布されたフラックスのシールド作用のおかげで，溶接棒には大電流を流すことができる。断熱効果が高いために，発生熱を有効に母材と溶接棒の溶解

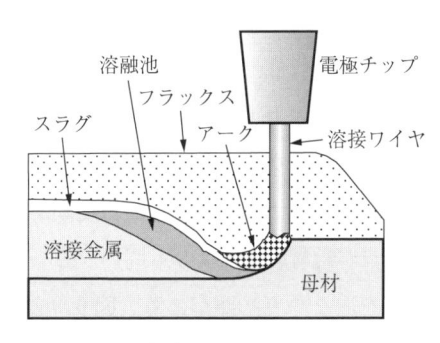

（a）概観　　　　　　　　（b）原理

図6.7　サブマージドアーク溶接機の概観と原理

に転換でき，溶込みの深い高能率な溶接が可能である．さらに複数の溶接棒を使用する多電極法により，効率を高めることができる．このため造船，圧力容器，橋梁，原子炉容器，重機械などの厚板の溶接に広く用いられている．

6.3.2 TIG 溶 接

TIG 溶接（ティグ溶接, tungsten inert-gas arc welding）は，高融点金属であるタングステン電極と母材との間に発生したアークを，不活性ガスのアルゴン（Ar）（あるいはヘリウム）でシールドする．他の溶接が電極と溶加材を兼用する消耗式電極であるのに対して，タングステン電極が溶けないために非消耗式電極と呼ばれる．図 6.8 にトーチ部分の構造とアークの様子を示す．アークの安定性が良好なためシールド効果が高く，最も信頼性の高い溶接が得られる．また，通常の被覆アーク溶接では溶接が困難であったアルミ合金，マグネシウム合金，チタン合金などの溶接に適用できる重要な溶接法である．

（a）構 造　　　　　　　　（b）アークの様子

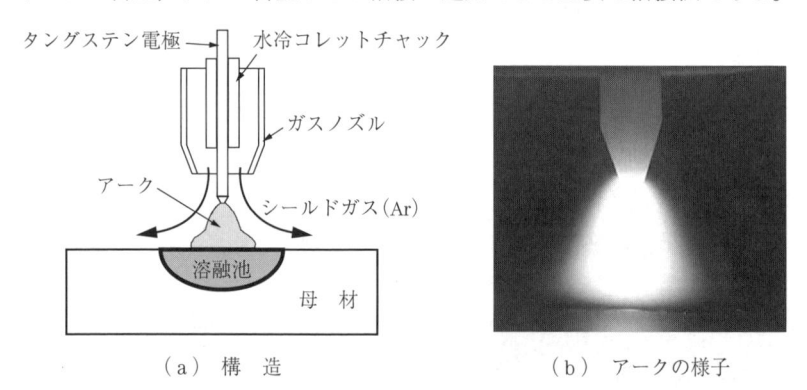

図 6.8　TIG 溶接のトーチ部分の構造とアークの様子

〔1〕 **極性とクリーニング効果**　　アルミニウム，マグネシウム，チタンなどの合金は，いずれも強固な酸化皮膜が表面に存在するだけでなく，その酸化物の融点が母材の融点よりも高い．このため，溶接にあたっては溶融接合部の酸化膜を取り除く必要がある．図 6.9 に TIG 溶接における極性と溶込みの関係を示す．

アーク柱の中では，電子の流れに対して電気的中性を保つように電離して＋

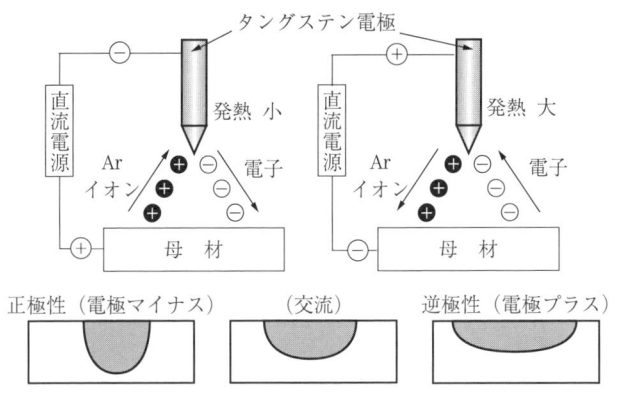

6.3 溶接加工の種類と特徴　149

図 6.9　TIG 溶接における極性と溶込みの関係

の電荷を持つ Ar イオンの流れが生じる．直流電源を用いて電極をプラスとする場合を**逆極性**（reverse polarity）と呼び，Ar イオンは母材に衝突することでアルミニウムなどの酸化膜を除去するクリーニング効果が発現する．ただし，逆極性では電極の発熱が多く消耗が激しいために，多少アークの安定性は

（a）　TIG 溶接

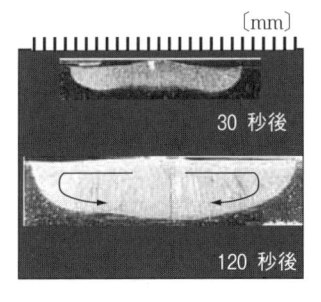

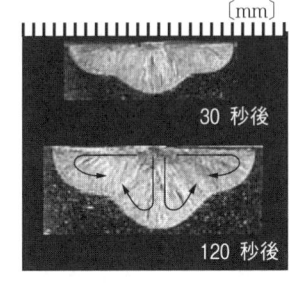

（b）　アーク長さ　8 mm　　（c）　アーク長さ　2 mm

図 6.10　TIG 溶接におけるアーク長と溶込み形状の関係

劣るが実用上十分なクリーニング効果が期待できる交流を用いる．電極をマイナスとする**正極性**（straight polarity）では，電子放出により電極は冷却されるために電極寿命が長い．母材の受ける熱は電極とは逆の関係になり，正極性では深い溶込みが，逆極では広く浅い溶込みが得られる．

〔2〕 **アーク長と溶込み形状の関係** 溶接における溶込み形状は，溶融池内での金属対流が重要な役割を果たしている．図 6.10 に，正極性（電極棒マイナス）においてアーク長を 2 mm と 8 mm に設定したときのアーク長と溶込み形状の関係を示す．溶融池内での対流は温度差に起因する放射状の表面張力対流と，電磁力に起因する軸方向対流が想定されており，溶接時のアーク長が溶込み形状に大きな影響を及ぼしている．

6.3.3 GMA 溶接

GMA 溶接（グマ溶接，gas shield metal arc welding）の原理を図 6.11 に示す．リール状に巻かれた直径 1.0〜2.4 mm の溶接棒（ワイヤ）を供給ローラーにより電極チップから連続供給し，これと同心のガスノズルからシールドガスを流して大気と遮断する方法の総称である．定電圧電源を用い逆極性（溶接棒がプラス）で行われる．したがって，アーク長の変動に対して溶接棒の溶融速度の変化分が大きく，アーク長の自己制御により安定した溶接が可能とな

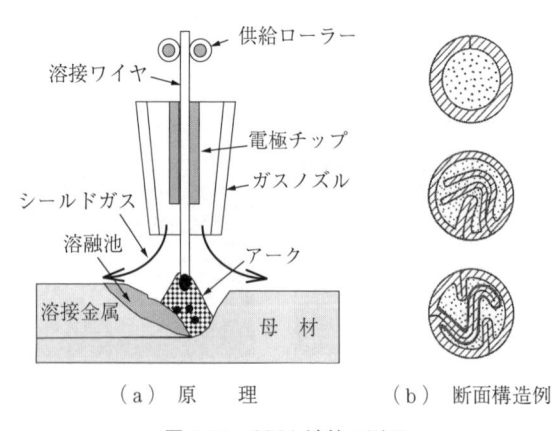

(a) 原理　　(b) 断面構造例

図 6.11 GMA 溶接の原理

6.3 溶接加工の種類と特徴　　*151*

る。アークを大気から遮断するためのシールドガスは 20 l/min 程度を流す必要がある。ガスだけでは溶融池内の脱酸・精錬効果が劣るために，中空ワイヤ内部にフラックスを入れたチューブラーワイヤも利用されている。

〔1〕 **炭酸ガスアーク溶接**（CO_2-arc welding）　炭酸ガスアーク溶接はシールドガスに最も安価な CO_2 を用いるもので，溶接が高能率であること，全姿勢の溶接が可能なため広く用いられている。CO_2 ガスはアークの高熱で $2CO_2 \rightarrow 2CO+O_2$ および $CO_2 \rightarrow CO+O$ と解離するので，炭酸ガスアークの雰囲気は CO_2, CO, O_2, O ガスの混合したものになる。O_2, O は酸化性であり，溶融金属中（FeO）の酸素を取り除くための脱酸剤（Mn, Si, Ti, Al）を多く含むワイヤを使用する必要がある。シールドガスに CO_2 と Ar （20〜30 %）の混合ガスを用いることもある。

〔2〕 **MIG 溶接**（ミグ溶接, metal inert-gas arc welding）　MIG 溶接はシールドガスに不活性ガスである Ar（あるいは He）を用いるもので，アークの安定性が高い。TIG 溶接と同様にクリーニング効果が期待できるために，アルミ合金，マグネシウム合金，チタン合金の溶接に広く利用されている。身近な製品では，マウンテンバイクのアルミフレームの溶接に用いられている。

6.3.4　抵抗発熱を利用した溶接

〔1〕 **エレクトロスラグ溶接**（electroslag welding）　エレクトロスラグ溶接は，超厚物の溶接のために開発されたもので，アーク熱ではなく心線と溶融スラグの中を流れる電流の抵抗発熱（ジュール熱）を利用している。図 **6.12** に示すように垂直に立てた母材のすきまを水冷銅板で囲み，フラックス入りワイヤ，あるいは粒状のフラックスと心線を挿入する。溶接開始時はアーク熱によりフラックスを溶融させる必要がある。しかし十分な溶融スラグが形成されるとアークは消失し，溶融スラグの抵抗発熱で心線と母材が溶けて溶接が進行する。電極の数を増やすことで，板厚 100〜300 mm といった厚板でも 1 パスで溶接することができる。

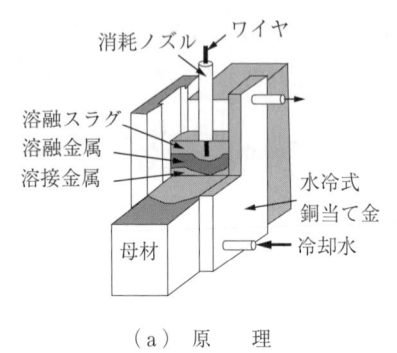

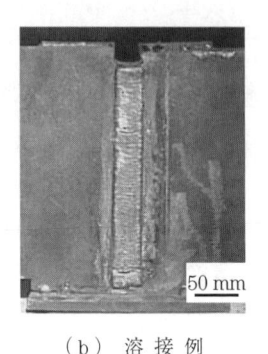

図 6.12 消耗ノズル式エレクトロスラグ溶接の原理と溶接例

〔2〕**抵抗溶接**（resistance welding）　抵抗溶接は，溶接部に大電流を通電し，これによって生じるジュール熱により加熱し，同時に大きな加圧力も加えて接合する方法である．板を重ねて点状に接合する**スポット溶接**（spot welding）と線状に接合する**シーム溶接**（seam welding）がある．図 6.13 に示すように，水冷された銅合金の電極で 2 枚の金属板に圧力を加えながら通電する．母材の接触面は，接触抵抗が大きいために最も温度が高くなる．さらに，金属の電気抵抗は温度の上昇に伴って増大するため，接触面近傍が溶融してナゲットを形成して接合が行われる．

利点として溶接棒やフラックスを使用しないこと，加熱部が局所的で溶接後の変形や残留応力が少ないこと，作業速度が大で大量生産に適することなどが

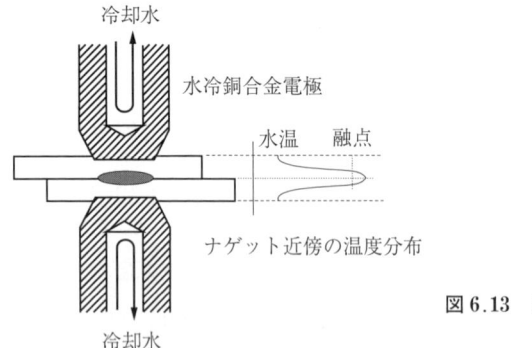

図 6.13　スポット溶接の概略

あり，自動車のボデー，航空機，鉄道車両，家電製品などに広く用いられている．

6.3.5 その他の冶金的接合法

〔1〕 **電子ビーム溶接**（electron beam welding）　電子ビーム溶接では，真空容器中で 10^{-2} Pa 以上の高真空下において陰極から放出する電子ビームを 10〜150 kV の高電圧で加速し，電磁石によるレンズでごく狭い領域に集束させることで，エネルギー密度を通常のアーク溶接の数百倍まで高めることができる．このため，母材が受ける総熱量が小さくても溶込みがきわめて深く，変形の少ない精度の高い溶接が可能である．また，真空中で行われるので融点が高く，活性な金属（Ti，Mo，W，Zr）の溶接に適する．

〔2〕 **レーザ溶接**（laser welding）　レーザ溶接は，レーザ発信器から出力される光（電磁波）を集光して熱源に用いる手法で，7章で紹介する．

〔3〕 **摩擦圧接**（friction welding）　摩擦圧接は二つの加工物の接合面に圧力をかけたまま相対的な回転を与えて生じる摩擦熱により，接合部が融点以下の適当な温度になった時点で回転を止めて圧力を増すことで圧接（圧力接合）する方法である．この方法は比較的簡単に接合することができるので，丸棒や管の突合せ溶接に広く用いられる．また異種材料どうしの接合も可能である．

〔4〕 **ガス圧接**（pressure gas welding）　ガス圧接は，接合部を酸素-アセチレン炎あるいは酸素-プロパン炎で融点近くまで加熱して圧接する方法である．鉄筋コンクリート構造物の鉄筋や鉄道レールの圧接に広く用いられている．

〔5〕 **爆発圧接**（explosive welding）　爆発圧接は火薬の爆発により生じる衝撃波を利用して圧接する方法で，2枚の金属板を平行あるいは適当な角度で斜めにセットして片側から順次接合させるもので，接合時の温度上昇はわずかである．耐食性に優れ，高価なチタン板を安価な鋼板に貼合わせるなどのクラッド材の製造に利用される．

〔6〕 **ろう付け**（blazing）　ろう付けとは，母材を溶融させることなく接

合部の狭いすきまに表面張力の作用で溶融したろう材（低融点金属）を流し込み，接合する方法である．使用するろう材の融点が450℃以下の場合を軟ろう付けと呼び，代表的なものに**はんだ付け**（solder）がある．ろう材の融点が450℃以上の場合は硬ろう付けと呼び，真鍮ろう（Cu-Zn合金）や銀ろう（AgやCuがベースとなったZu，Cd，Snの合金）がある．これらのろう材の融点は700〜1 000℃程度である．

ろう付けでは接合面にろう材が均一に広がる（濡れる）こと，接合面の酸化を防止することが重要で，フラックス（ホウ砂が主体となったもの）を用いる必要がある．加熱には，酸素-アセチレンバーナ，プロパンや都市ガスを用いたバーナのほかに電気炉中で加熱する場合もある．

6.4 溶接組織と欠陥

6.4.1 凝固組織と熱影響

溶接構造用圧延鋼材（SM 490 B）を溶接したときの溶接金属部の観察結果を，**図6.14**に示す．図(a)マクロ断面観察結果に示すように，**溶接金属**（welded metal），**熱影響部**（heat affected zone）および熱影響を受けない**母材**（base metal）からなっている．溶接金属部分は一度溶融した金属が凝固したもので，マクロ的には柱状晶が認められるとともに樹脂状晶（デンドライト組織）が観察され，母材とは明瞭に区別できる．溶接金属と母材との境界を**ボンド**（bond）と呼ぶ．マクロエッチングにより識別できるボンド部から母材までの数mmの部分を熱影響部と呼び，A_1変態点（723℃）以上に加熱された領域で，母材とは機械的性質も異なっている．

〔1〕 **溶接中の温度変化**　アーク溶接では，アークの接近に伴い加熱溶融して最高温度に到達した後，溶接部周辺への熱伝導により冷却され凝固する．したがって，溶接金属からの距離に応じた熱履歴（温度変化）を受ける．この温度変化を**熱サイクル**（thermal cycle）と呼び，溶接熱による母材の冶金的変化を予測する目安となる．図(b)は，炭酸ガスアーク溶接による熱サイク

6.4 溶接組織と欠陥

(a) マクロ断面観察結果

A部 溶接金属

B部 ボンド部

C部 母材（SM 490 B）

(b) 炭酸ガスアーク溶接による熱サイクル　　(c) 組織観察結果

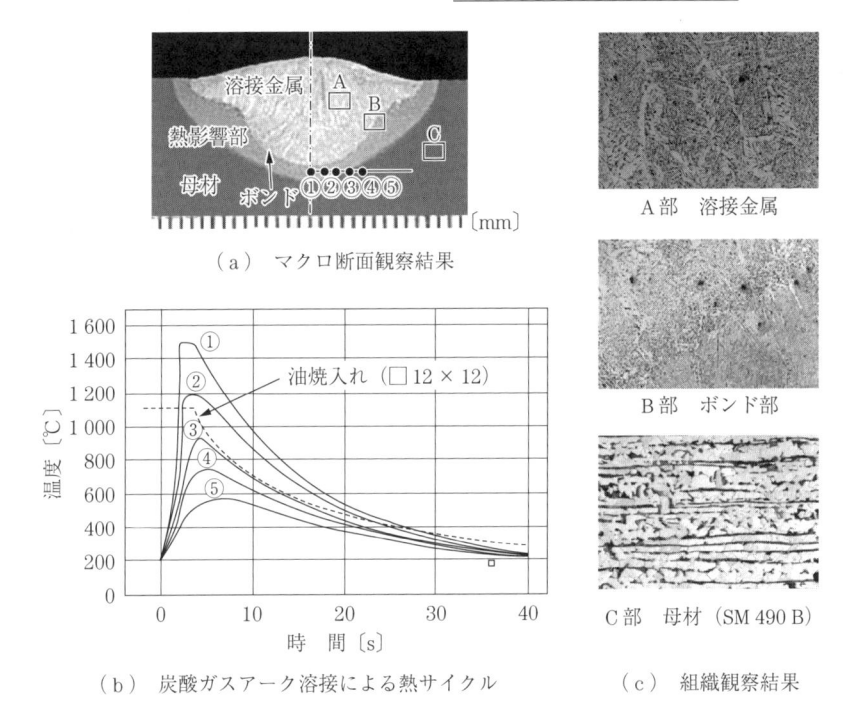

図 6.14 溶接構造用圧延鋼材を溶接したときの溶接金属部の観察結果

ルの測定結果を示す。わずか5秒程度の短時間で融点まで加熱され，500 °Cまで冷却されるのに12秒程度しか要していない。図中の破線は，12 mm の角棒を1 100 °C から油焼入れしたときの冷却曲線であるが，溶接後の冷却速度は油焼入れとほぼ等しいことがわかる。

〔2〕**機械的性質（硬さ分布）**　　溶接部の熱影響部は，ボンド部から遠ざかるにつれて到達温度が低くなるとともに冷却速度も遅くなるために，機械的性質も変化している。この変化の様子は硬さ分布に対応している。**図 6.15** に，板厚20 mm の高張力鋼板（HT 52 A 6）を溶接したときの硬さ分布を示す。溶接部を横切る線 AA に沿って硬さを測定すると，ボンド部およびその外側の結晶が粗大化した領域の硬さが最高値を示す。これは硬さが増すことで脆くなり望ましいことではない。

最高硬さは溶接性の目安となり鋼中の合金成分や熱サイクル，冷却速度に

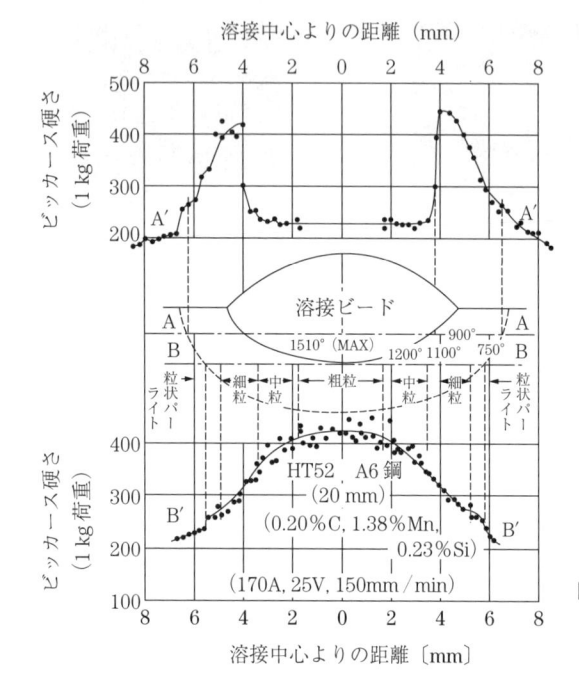

図6.15 高張力鋼板を溶接したときの硬さ分布

よって定まる。最も大きい影響を与える合金成分はCであり，ついでMo，Cr，Mnである。そこで炭素以外の合金元素の効果を炭素量に置き換えた炭素当量 C_{eq} を用いるのが便利である。

$$C_{eq} = C + \frac{1}{6}Mn + \frac{1}{24}Si + \frac{1}{40}Ni + \frac{1}{5}Cr + \frac{1}{4}Mn + \frac{1}{14}V$$

なお，炭素含有量が少ない一般構造用圧延鋼材（SS 400）やオーステナイト系ステンレス（SUS 304）などは，ボンド部での硬度上昇は認められない。

6.4.2 溶接による残留応力と変形

溶接では固体の一部が溶融するまで加熱されて膨張したのち，凝固に伴って体積の収縮が生じる。この変化はきわめて局部的であり大きな温度勾配も有している。厚板の溶接では膨張・収縮は束縛されることが多いため，溶接部には応力が残留するだけでなく割れが発生する可能性もある。薄板の場合は割れる

6.4 溶接組織と欠陥

ことは少ないが，変形することが多い。

〔1〕**残留応力** 一般に鋼の熱膨張係数 α は，$1.2 \times 10^{-5}/℃$ 程度である。したがって温度が変化 ΔT したときの伸び長さ ΔL は，次式より簡単に求めることができる。

$$\Delta L = \Delta T \alpha L_0$$

ここで L_0 は元の素材の長さである。

材料に働く応力 σ は，ヤング率 E とひずみ ε の積で求めることができる。したがって，図 6.16（a）のように両端が固定された鋼棒の温度が上昇したときに発生する応力（圧縮応力）は，次式で求めることができる。

$$\sigma = E\varepsilon = E \Delta T \alpha$$

いささか乱暴な例になるが，図（b）のような両端が固定された鋼材を最後に溶接で接合した場合，温度変化 ΔT が 1 400 ℃，溶接部の長さを 10 mm と仮定すると，3 360 MPa（破壊強度の5～6倍）の引張応力が発生し，溶接部は破断することで応力を開放する。このように溶接部の近傍には母材の板厚や形状，継手形状，溶接入熱，外的束縛などの要因により残留応力が存在する。

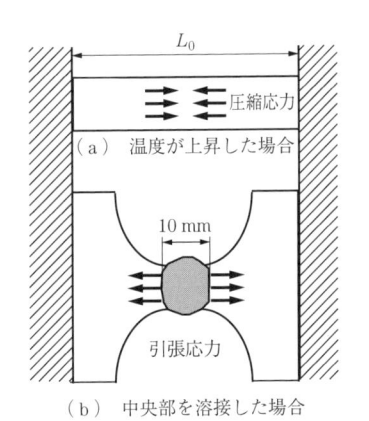

図 6.16 両端が拘束された継手に残留する応力

（a）温度が上昇した場合
（b）中央部を溶接した場合

〔2〕**溶接変形** 溶接後の冷却中の収縮により**変形**（deformation）が生じる。これは製品の寸法精度を低下させ，大形構造物では組立てが困難となることもある。この矯正には大容量のプレスやローラが必要となるため，変形

(a) 横収縮　　(b) 縦収縮　　(c) 回転変形

突合せ継手

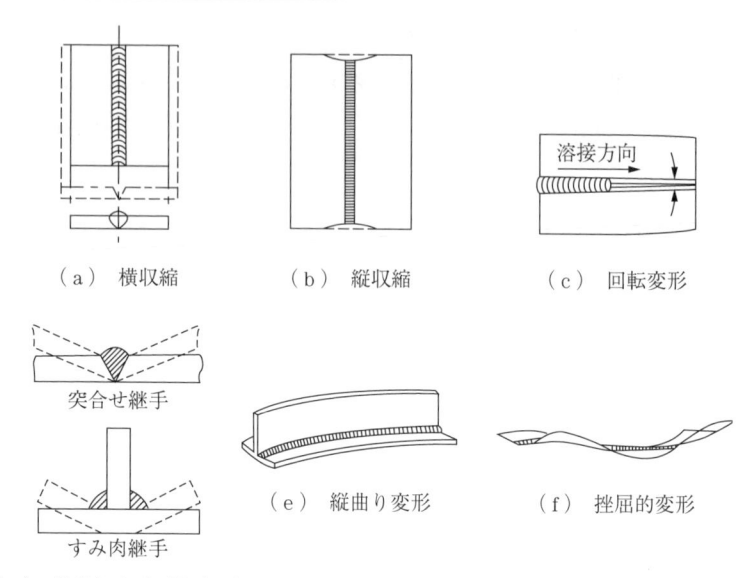

すみ肉継手

(d) 横曲り変形（角変形）　(e) 縦曲り変形　(f) 挫屈的変形

図 6.17　溶接変形による収縮変形の実例

の発生を最小限にとどめる施工上の工夫が必要である。図 6.17 に代表的な溶接変形による収縮変形の実例を示す。

　横収縮とは溶接線に直角方向の収縮のことで，突合せ継手では必ず起こる。なお溶接線方向の縦収縮は横収縮よりも小さい。曲げ変形（角変化）は，溶接線に対して偏った位置に溶接入熱が与えられることで発生する。一度に溶接するのではなく，千鳥に左右に溶接するなど熱をバランスよく与えたり，板厚の中立軸の上下に熱をバランスよく与えるなどの施工上の工夫により，曲げ変形を低減することができる。

6.4.3　溶接欠陥と溶接割れ

　溶接施工において溶接棒の選択や溶接条件が不適当な場合には，溶接金属（ビード）の形状不良や内部欠陥，溶接割れなどが発生する。これらの欠陥や割れは接合部の強度を低下させたり，疲労破壊の起点となり信頼性を低下させる。図 6.18 に代表的な溶接欠陥を示す。

6.4 溶接組織と欠陥

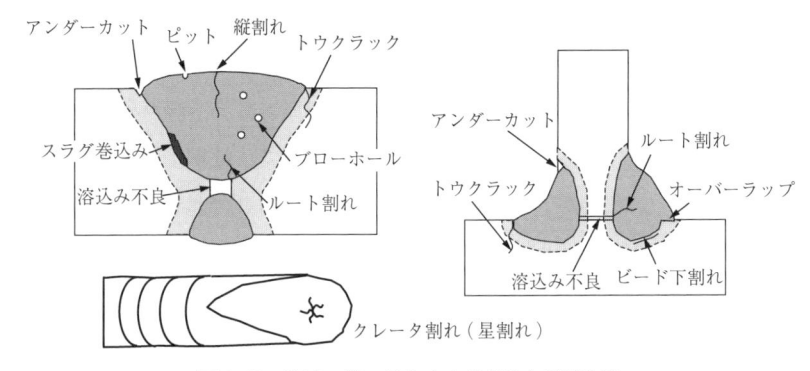

図6.18 溶接に伴い発生する代表的な溶接欠陥

〔1〕 **ブローホール** 溶融金属の凝固速度が速いために，過飽和となったガスが大気中に逃げることができず取り残されたもの。母材表面の赤さび中に含まれた水分，さび止めのための油分，被覆材中の湿気などが原因となる。また，屋外の作業では風によるシールドガスの乱れが原因となる。

〔2〕 **スラグ巻込み** 運棒（溶接棒の動き）が不適切な場合や，多層溶接において前の層のスラグ除去が不完全な場合に発生する。

〔3〕 **オーバーラップ，アンダーカット** オーバーラップは，溶込みの幅よりビードの幅が広くなり溶着金属が覆い被さるようになるもので，溶接電流が小さすぎたり溶接速度が遅い場合に生じる。アンダーカットは，溶接電流が大きすぎたり溶接棒の保持角度が不適当な場合に生じる。

〔4〕 **溶込み不良** 溶込み深さが不足した結果，母材の一部が溶融せずに残ったもので，継手端部の形状（開先形状）や溶接条件が不適切な場合に生じる。

〔5〕 **高温割れ** (hot cracking) 高温割れは溶着金属が凝固する比較的高温環境下での収縮応力により発生する。溶接終了時のクレータ割れ（星割れ）やビード中央部に発生する縦割れはこの典型である。また，クラックは凝固時の偏析により不純物濃度が高く，強度の劣る結晶粒界を通過するので粒界割れとも呼ばれる。

〔6〕 **低温割れ** (cold cracking) 低温割れは200℃以下の温度域で発

生・進展する割れの総称で，遅れ割れ（数十日後の場合もある）とも呼ばれる。ビード下割れ，ルート割れ，トウクラックなどで，硬度の高いボンド部近傍の応力集中箇所が起点となることが多い。低温割れは，溶融金属に溶解した拡散性水素が時間の経過とともに集まることが原因で，軟鋼よりも高張力鋼に多く発生する。また，最近では原子炉容器のシェラウドに遅れ破壊（数十年のオーダ）が生じることが報告され，中性子線の照射が溶接金属中の水素の拡散に影響を与えたものと推察されている。

なお，低温割れの防止には，①低水素系溶接棒を用いる。②溶接部が100℃程度の温度に冷却されるまでの時間を長くして，溶接金属中の水素を大気に逃がす。③溶接直後に適当な温度に加熱する。④炭素当量の低い鋼材を使用する。などの対策がある。

6.4.4 溶接欠陥の検出

溶接欠陥の存在は破壊強度を大きく低下させる可能性があり，溶接品質を保証するためには内部の欠陥の有無を調べる必要がある。この検査が**非破壊試験**（nondestructive inspection）である。

〔1〕 **浸透探傷試験**（penetrant inspection） 表面に開口している表面欠陥の検出に用いられる。表面張力の小さな（狭いすきまにもしみ込む）着色した浸透液を溶接部に塗布して，表面欠陥にしみ込ませる。ついで余分な浸透液を拭き取ったのち，白色の現像液を吹き付けると，欠陥中の浸透液が吸い出されて欠陥が明瞭に現れる。浸透液に蛍光物質を溶解した場合は，紫外線の照射（ブラックライト）により欠陥を検出することができる。

〔2〕 **磁気探傷法**（magnetic testing） 強磁性体にしか適用できないが，

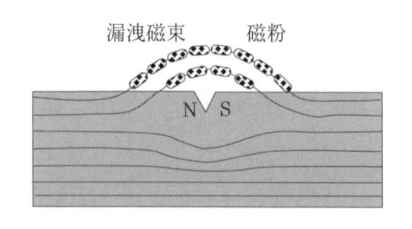

図6.19 磁気探傷試験の原理

表面や表面近傍の欠陥を磁束の漏洩により検出する方法である。図 6.19 のように，欠陥により磁気的不連続が磁力線を切る方向に存在すると磁束が漏洩する。ここに液体に混ぜた鉄粉（磁粉）を流すと漏洩箇所に集まり，欠陥を検出することができる。類似の方法に渦流探傷試験がある。

〔3〕 **放射線探傷試験**（radiography）　X 線，γ 線が物質中を通過するとき，厚さが異なると透過率が変化することを利用して欠陥を検出する方法である。医療用のレントゲン写真と原理は同じである。図 6.20 に溶着金属の X 線透過写真の実例を示す。溶接金属内部に多数のブローホールが存在している。このように欠陥の大きさ（空洞）分の透過厚が少ない部分が黒く現像され，濃度の違いが欠陥の大きさ（厚さ）に対応する。

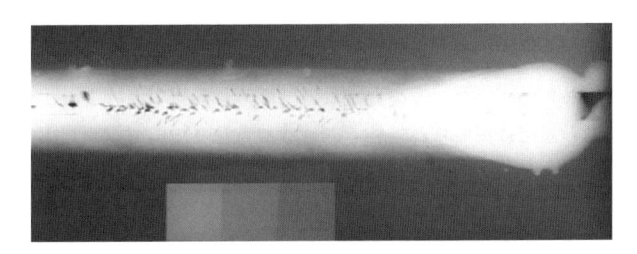

図 6.20　溶着金属（ビード）の X 線透過写真

〔4〕 **超音波探傷試験**（ultrasonic testing）　やまびこの原理で，欠陥までの距離と大きさを測定する方法である。図 6.21 に示すように，試験材の表面に探触子から超音波（振動数 0.5～10 MHz）パルスを照射すると，底面や

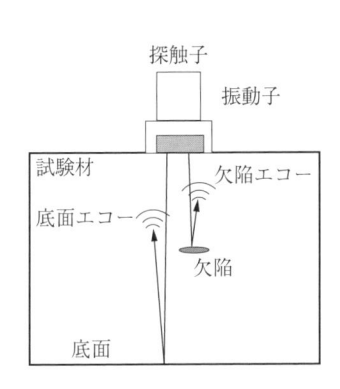

図 6.21　超音波探傷試験の原理

欠陥から反射エコーが返ってくる．鋼材中の音速は既知であり，反射エコーの受信時間により表面からの距離を，エコーの強度により欠陥の大きさを検出することができる．超音波の入射角度により垂直探傷法と斜角探傷法があり，後者が溶接構造物の欠陥検出に広く用いられている．

演 習 問 題

【1】 溶接のアークを大気から遮断する方法は二つある．それぞれの方法と該当する溶接法を述べよ．

【2】 直流アーク溶接における正極性と逆極性での電子とガスイオンの流れを示し，クリーニング効果と溶込み形状に及ぼす効果について説明せよ．

【3】 GMA溶接においてアーク長の調節はどのようなメカニズムで行われるのか説明せよ．

【4】 溶接欠陥として問題となる高温割れと低温割れの発生原因を説明せよ．

【5】 溶接欠陥の検出に用いられている非破壊検査法について説明せよ．

7 高エネルギー加工

7.1 放電加工

7.1.1 放電加工の概要

放電加工(EDM, electrical discharge machining)とは、電気的に絶縁体の**加工液**(dielectric working fluid, 水または油)中に置いた工作物と**工具電極**(tool electrode)の間に電圧を印加し、それらを接近させたときの絶縁破壊によるアーク放電で材料を溶融、蒸発し、同時に発生する衝撃圧力で除去する加工法である。図7.1(a)に放電加工の、図(b)に加工現象の概念図を

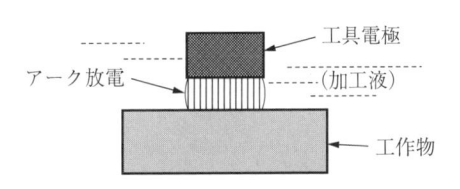

(a) 放電加工の概念図

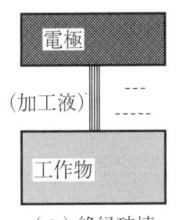

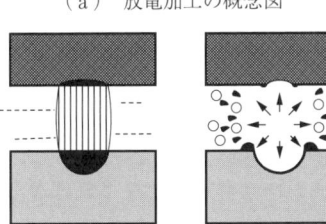

(1)絶縁破壊　(2)アーク柱の形成　(3)気化・膨張・除去　(4)絶縁層の再生

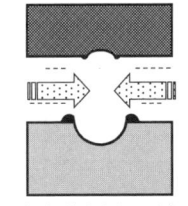

(b) 加工現象の概念図

図7.1　放電加工と加工現象の概念図

示す。

　図(a)に示すように，加工液中で電極と材料が接近すると絶縁破壊が起き，電極と工作物の相対する面で放電現象が起きる。このときの両者の間隔と放電回数は，加工条件によって異なるが，間隔は数ミクロンから数十ミクロン，放電回数は数千から数十万回/sであり，高密度多数点で断続的に起きている。放電は，まず始めに，材料と電極間の最も放電しやすい点（普通は両者の距離が最も近い点）でスタートし，その後全面に及ぶ。図(b)に一つの放電が引き起こす加工現象を，順を追って示す。加工現象のステップは以下のようである。

　（1）　絶縁破壊：電極と工作物の間の最も近い部分で絶縁破壊が起き，火花放電が起きる。

　（2）　アーク柱の形成：火花放電は即座にアーク柱に成長し，工作物を加熱，溶融する。

　（3）　加工液の気化・膨張と溶融蒸発物の除去：工作物の溶融と蒸発に伴って当該部分の加工液は爆発的に気化・膨張し，工作物の溶融部分を吹き飛ばして微細なクレータを形成する。除去に至らなかった溶融物は溝の外周に押し出されて凝固，付着する。

　（4）　絶縁層の再生：電極と工作物の間に加工液が流入し，加工部を冷却するとともに新しい絶縁層を形成する。

　以上の4段階のステップを繰り返しながら加工は進んでいく。

　放電加工の一般的な長所は以下のようである。

　①　導電体であれば，硬度に関係なく加工できる。
　②　非接触かつ液体中加工であるがゆえに，加工ひずみが少ない高精度加工ができる。

　一方，短所としては

　①　特殊な例を除き，加工物は導電体でなければならない。
　②　加工速度が遅い。

などがある。

　放電加工の種類を大別すると，工作物に対して整形された電極を送り込んで

加工する**型彫り放電加工**（sinking electrical discharge machining）と，一定速度で連続送給される**ワイヤ電極**（wire electrode）に使用して糸のこのように工作物を切断する**ワイヤ放電加工**（WEDM, wire electrical discharge machining）とに分けられる．以下にそれぞれについて説明する．

7.1.2 型彫り放電加工

図7.2に型彫り放電加工機の概念図を示す．

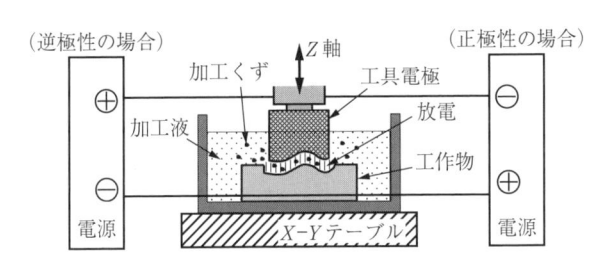

図7.2 型彫り放電加工機の概念図

図に示すように，本加工で使用する工具電極は，製品形状の凹凸を逆に加工した総形電極であり，電極と材料は電源の充電・放電電源回路に接続されている．電源との接続法には工具電極側をマイナス，工作物側をプラスに接続する**正極性**（straight polarity）と，その逆に接続する**逆極性**（reversed polarity）があり，工作物と電極材料の組合せ，加工能率や加工精度によって選択することができる．電極材料には，銅，グラファイト，銅タングステン，銀タングステンなどがあるが，コスト面から銅とグラファイトが多用されている．加工液には絶縁性に優れた油（第三石油類）が用いられ，加工は液中50 mm程度以上の深さで行われる．

図7.3(a)に電源に多用されているトランジスタ放電回路の例を示し，図(b)に印加電圧と放電電流の関係を示す．トランジスタ放電回路は，トランジスタをON-OFFすることによってパルス放電を制御する回路で，同時にONするトランジスタの数で放電電流を制御することができる．印加電圧と放電電流の関係は，図(b)に示すように，放電を伴わない通常の電気回路の場

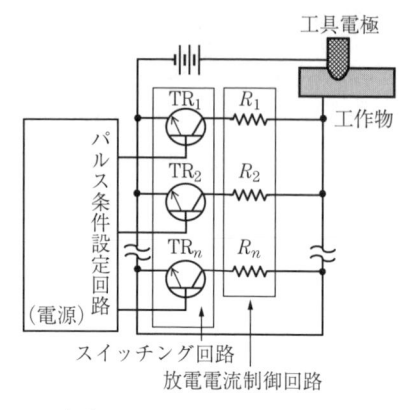

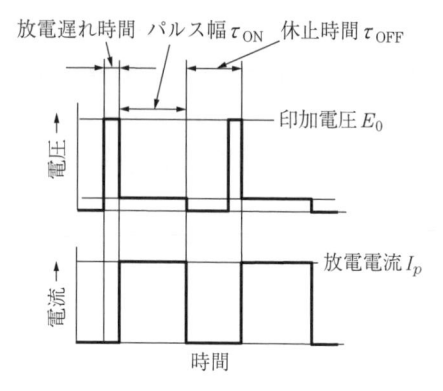

(a) トランジスタ放電回路　　　　（b）印加電圧と放電電流の関係

図7.3　トランジスタ放電回路および放電電圧と放電電流の関係

合と大きく異なる。すなわち，放電回路では電圧印加に対して電流に遅れが生じる。これは，電圧が印加されてから電流が流れるまでの間に，絶縁破壊のための時間を必要とするためである。

トランジスタ放電回路によれば，パルス幅 τ_{ON}（1パルスごとの放電持続時間でマイクロ秒オーダ）を一定に保つと同時に放電電流 I_p（数十アンペア），休止時間 τ_{OFF}（マイクロ秒オーダ）も自由に設定でき，再現性に優れた加工を行うことができる。また，高い**デューティファクタ**（duty factor，1周期中における放電時間の割合）が設定できることも，この放電回路の特徴である。

ただし，トランジスタ放電回路は，パルス幅が数百ナノ秒以上と長いため，微細穴やマイクロ部品の加工には適さない。これらの加工や優れた仕上面を得るための放電には，数十ナノ秒以下の短パルス幅が得られるRC放電回路（抵抗・コンデンサ放電回路）が有効である。この放電回路は，歴史的にはトランジスタ放電回路よりも古いが，前記の特徴から現在も使われている。

図7.4(a)にRC放電回路を示し，図(b)に放電電圧と放電電流の関係を示す。

RC放電回路では，コンデンサに充電したエネルギーを瞬時に放電することによって材料を加工する。電気的条件は，印加電圧 E_0 は110V以下，コンデ

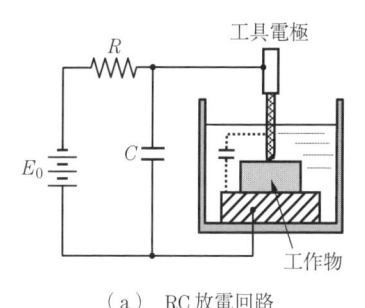

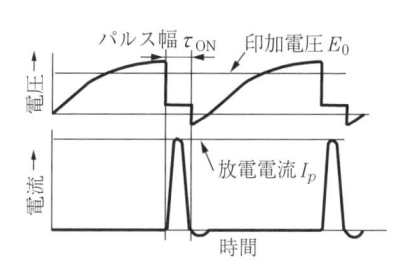

(a) RC 放電回路　　　　(b) 印加電圧と放電電流の関係

図 7.4　RC 放電回路および印加電圧と放電電流の関係

ンサ容量 C は 10〜3 000 pF，充電抵抗 R は数百〜数 kΩ 程度の範囲が多く，C が小さいほどマイクロ加工に対応しやすい。

良好な表面粗さを得るためにはパルス幅と放電電流を小さくすればよいが，加工速度は遅くなる。型彫り放電加工の加工形態は，底付き穴加工と貫通穴加工の二種類に分けられる。底付き穴加工はプレス成形，熱間・冷間鍛造，ガラス成形，プラスチック成形，ゴム成形といった各種成形用金型の製作に適用されている。貫通穴加工は，タービンブレードの冷却穴，燃料噴射ノズル穴や後述するワイヤカット放電加工に必要な加工開始穴の加工などに適用されている。

図 7.5 に各種型彫り放電加工製品と使用した電極の例を示す。図に示すよう

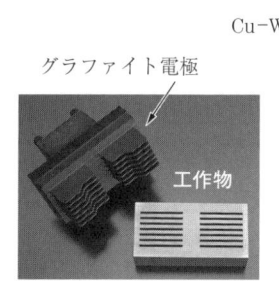

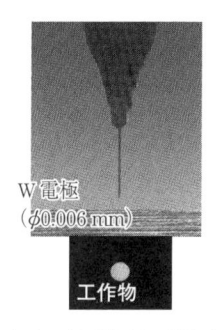

(a) ダイカスト金型ヒートシンクのマルチリブ加工　(b) 超硬チップのチップブレーカ溝加工　(c) 超硬薄板の微細穴加工（穴径 0.01 mm）

図 7.5　各種型彫り放電加工製品と使用した電極の例（(株)牧野フライス製作所提供）

に，本加工法は複雑な三次元形状金型からマイクロ穴の加工まで，広範囲に利用することができる．

7.1.3 ワイヤ放電加工

図7.6にワイヤ放電加工機の概念図を示す．

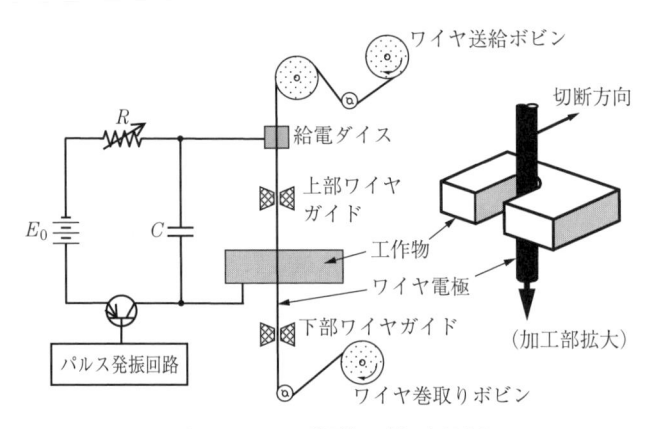

図7.6 ワイヤ放電加工機の概念図

ワイヤ放電加工の特徴は，7.1.1項で述べた放電加工の長所に加えて，厚さ300 mm以上の金属厚板をも精密切断できることにある．ワイヤ放電加工における加工液は純水であり，加工は水槽の中で行われる．加工部には，加工スラッジを排出するためにワイヤ電極と同軸に上下から高圧水を噴出する．ワイヤは張力3～23 N程度で張られた黄銅や銅（直径0.1～0.35 mm）またはタングステンやモリブデン（直径0.03～0.10 mm）で，連続的に送給されるので消耗の心配はない．

図7.6に示したのはトランジスタ制御付コンデンサ放電回路を持つ例であるが，この回路の特徴は，充電速度・放電周波数が制御でき，ワイヤ切れを起こさずに加工速度を上げられることにある．加工速度は工作物の材種によって異なり，他の電気的加工条件が同じ場合，一般に融点が高くなるに従って遅くなる傾向がある．例えばアルミニウム（融点660℃）と比べると，炭素鋼（融点1 350℃）は1/3程度，高融点材料のタングステン（融点3 410℃）を多く含

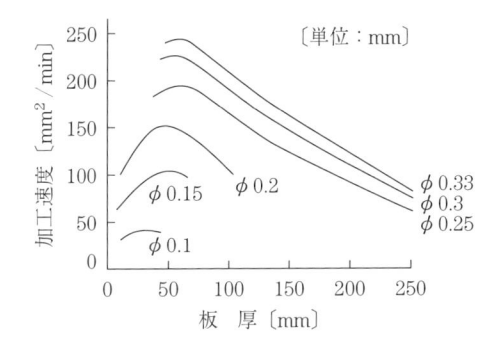

図7.7 ワイヤ径と板厚が加工速度に及ぼす影響（斎藤長男ほか：放電加工技術―基礎から将来展望まで―，日刊工業新聞社，p.121（1997.9）より転載）

む超硬合金の加工速度は1/6程度と遅い。

図7.7にワイヤ径と板厚が加工速度に及ぼす影響を示す。

図から，ワイヤが太いほど大きな加工速度が得られることがわかる。その理由は，ワイヤが太いほど大きな放電電流が設定できること，また，高張力が設定できることからワイヤの振動振幅も抑制でき[1]，安定した放電が得られることにある。表面粗さと加工精度を向上するための方法として，**セカンドカット法**（finish cutting）がある。

図7.8(a)にセカンドカット法の概念図を示し，図(b)にその有効性を示す例を挙げる。

セカンドカット法とは，図(a)に示すように，始めに高速度で荒加工し

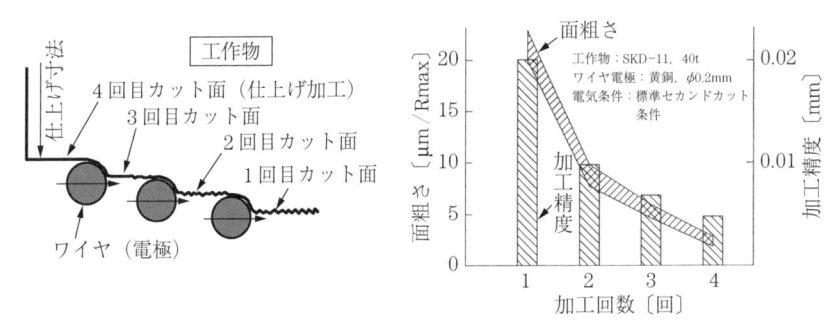

(a) セカンドカット法の概念図　　（b）有効性を示す例

（図(b)は斎藤長男ほか：放電加工技術―基礎から将来展望まで―，日刊工業新聞社，p.125（1997.9）より転載）

図7.8　セカンドカット法の概念図とその有効性

(ファーストカット),その後,放電エネルギーを小さくして数回後加工する方法である(後加工の回数に関係なくセカンドカット法と呼ぶ)。本加工法によれば,図(b)に示すように,セカンドカット回数を増やすことによって,さらに良好な表面粗さと加工精度を得ることができる。加工面の変質層も除去できることも大きな特徴である。ワイヤカット放電加工機におけるワイヤ電極と工作物の相対的な移動は,NC装置によって制御される。したがって,複雑な形状を有する二次元加工はもちろんのこと,対応可能な角度に制約はあるものの,テーパ切断も可能である。

図7.9にワイヤ放電加工法による加工例を示す。図(a)は厚板切断,図(b)は嵌合構造体,図(c)はマイクロ加工の例であり,本加工法の用途の多様性を示している。

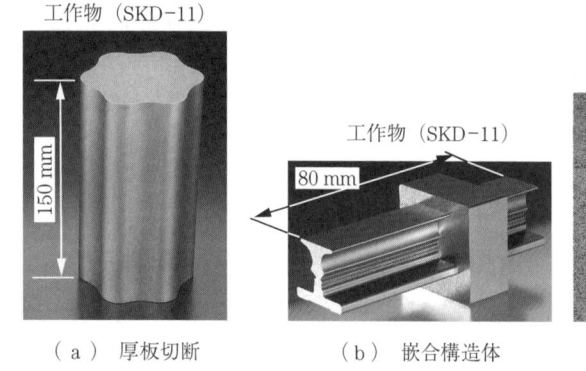

(a) 厚板切断   (b) 嵌合構造体   (c) マイクロ加工

図7.9 ワイヤ放電加工法による加工例((株)牧野フライス製作所提供)

ワイヤ放電加工の具体的用途としては,各種金型や部品の製作がある。金型の例としては,プレス抜き型,プラスチック成形型,アルミサッシ押出し型などがある。また,製作部品の例としては,航空機のタービンブレード,総形バイト(刃先の成形),歯車や各種嵌合部品といったように,その種類は多岐にわたっている。

7.2 レーザ加工

7.2.1 レーザ加工の概要

レーザ (laser) は light amplification by stimulated emission of radiation (放射の誘導放出による光の増幅) の頭文字をとった略語であり，発振器から出力される単一波長の平行光線である．図7.10にレーザ発振器の構成要素を示す．

図7.10 レーザ発振器の構成要素

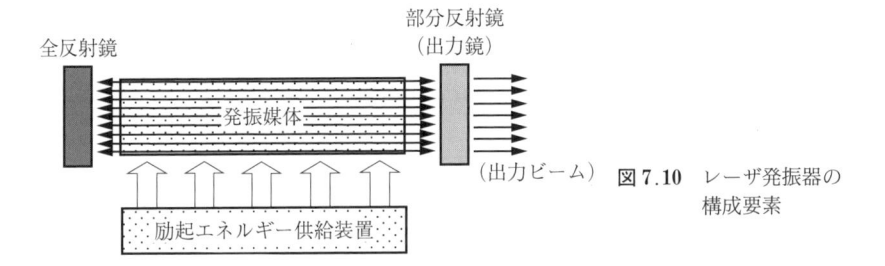

（全反射鏡，発振媒体，部分反射鏡（出力鏡），出力ビーム，励起エネルギー供給装置）

図に示すように，レーザ発振器は発振媒体，反射鏡（全反射鏡と部分反射鏡）と励起エネルギー供給装置とで構成されている．発振媒体は，エネルギー供給装置から供給されたエネルギー（放電，高周波，光など）によって高いエネルギー状態になり，そのエネルギーを放出する段階で光を放出する．その光が2枚の反射鏡の間を往復することによって一気に増幅され，一部が部分反射鏡を透過して大気中に放出される．この放出されたビームを工具として使用するのがレーザ加工である．

表7.1に代表的な産業用レーザの種類と用途例を示す．加工用レーザは，発振媒体の相によって気体レーザと固体レーザに分けられ，前者には**CO_2レーザ**（CO_2 laser）や**エキシマレーザ**（excimer laser）があり，後者には**YAGレーザ**（YAG laser），**半導体レーザ**（diode laser），**チタンサファイアレーザ**（Ti sapphire laser），**ファイバレーザ**（fiber laser）などがある．

それぞれのレーザの特徴は，概略以下のようである．

表7.1 代表的な産業用レーザの種類と用途例

	レーザの種類	波長〔nm〕	発振形態	出力	用途例
気体レーザ	CO_2 レーザ	10 600	CW*, パルス	45 kW	穴あけ, 切断, 溶接, 表面改質
気体レーザ	エキシマレーザ ArF	193	パルス	600 mJ	ガラス基板アニーリング, サブミクロン微細加工, マイクロ表面改質
気体レーザ	エキシマレーザ KrF	248	パルス	1 200 mJ	ガラス基板アニーリング, サブミクロン微細加工, マイクロ表面改質
気体レーザ	エキシマレーザ XeCl	308	パルス	600 mJ	ガラス基板アニーリング, サブミクロン微細加工, マイクロ表面改質
固体レーザ	YAG レーザ	1 064	CW, パルス	6 kW	穴あけ, 切断, 溶接, はんだ付け, マーキング, リペアリング
固体レーザ	半導体レーザ	790〜850	CW, パルス	5 kW	溶接, 表面改質, 切断
固体レーザ	チタンサファイアレーザ	800	パルス	2 W	熱影響のないマイクロ加工, 透明体内部の加工
固体レーザ	ファイバレーザ	1 060〜1 080	CW, パルス	10 kW	切断, 溶接, トリミング, 薄膜除去

* CW：continuous wave（連続発振）

① CO_2 レーザ：数十 kW といった大出力が得られることから，板金加工から機械・造船・製鉄といった重工業まで，幅広く利用できる。

② エキシマレーザ：発振形態はパルス幅数十ナノ秒の短パルス発振のみである。短パルスがゆえに熱影響が少ない加工ができる。

③ YAG レーザ：連続発振のほかに，さまざまな形態のパルス発振もできることから利用範囲が広い。ビームの伝送に光ファイバが使用でき，操作性も優れている。

④ 半導体レーザ：ビームモードは劣るが発振効率が高く，出力の割に小形・軽量でロボットにも搭載しやすい。

⑤ チタンサファイアレーザ（超短パルスレーザまたはフェムト秒レーザとも呼ばれる）：パルス幅が 150 フェムト秒（150×10^{-15} s）程度ときわめて短く，**熱影響層**（HAZ, heat affected zone）のない加工も可能である。

⑥ ファイバレーザ：発振効率が高く，装置が小さく，ビームモードも優れている。

図 7.11 にレーザ発振形態の種類を示す。それぞれの発振形態の用途を，例えば鋼板の切断加工の場合を例に説明するとつぎのようになる。図(a)の連

7.2 レーザ加工　　173

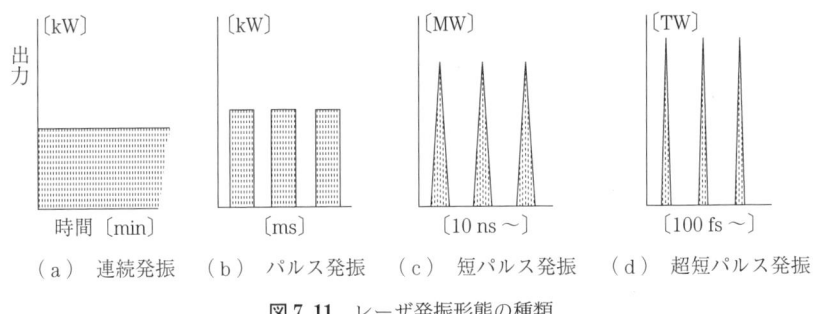

(a) 連続発振　(b) パルス発振　(c) 短パルス発振　(d) 超短パルス発振

図 7.11　レーザ発振形態の種類

続発振はビームが連続的に出力されることから大きなエネルギーが得られ，数ミリから 10 mm 以上の厚板の高速切断に適している。この形態は，英語の continuous wave（連続波）の頭文字をとって，CW とも呼ばれている。図 (b) のパルス発振は，数十から数キロヘルツの周波数で出力される形態で，数ミリ程度の板材の切断に適している。図 (c) の短パルス発振は周波数 1 kHz から 100 kHz 程度で短パルス幅・高ピーク出力が得られる形態で，連続発振やパルス発振と比べると切断可能な板厚は薄くなるものの，熱影響が少ない精密切断に適している。また，図 (d) の超短パルス発振は，パルス幅が 150 fs（1 fs は 1×10^{-15} s）程度と短く，板厚に制限があるものの熱影響のない切断も実現されている。

図 7.12 はビームモード（beam mode）の種類を示す。

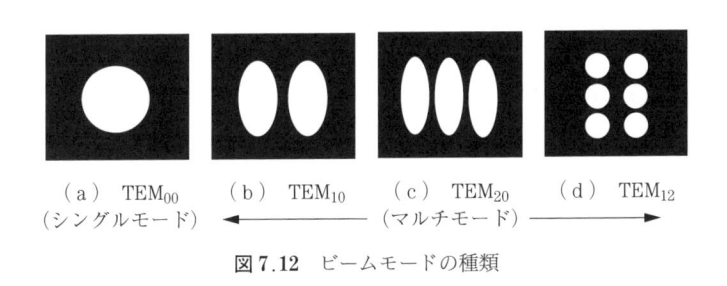

(a) TEM_{00}　(b) TEM_{10}　(c) TEM_{20}　(d) TEM_{12}
（シングルモード）　　　　（マルチモード）

図 7.12　ビームモードの種類

ビームモードとは，ひと口に言えば，レーザ発振器から出力されたビームの形状とパワーの分布状態を示す用語で，TEM_{mn} で表される。TEM は英語の transverse electromagnetic wave（横電磁波）の意味で，m と n は整数で強

度の分布状態を示す．図中の白抜きの部分がビーム軸直角断面におけるパワーの分布を示し，一般にそれぞれの中心部分でパワー密度が最も高くなっている．図(a)はビームが一点に集中していることからシングルモードと呼ばれ，方向性がないことから例えば複雑形状製品の精密切断に適している．図(b)〜図(d)はビームが複数に分かれていることからマルチモードと呼ばれる．大出力レーザに多いモードで，厚板の切断や溶接に使われる．

図7.13に，材料表面に光が照射されたときに起きるさまざまな現象を示す．図に示すように，材料表面に照射された光の一部は反射し，材種によっては一部は透過し，そして一部は吸収される．そのうち，材料加工に使われるのは吸収されたビームだけであり，したがって材料の**光吸収率**（beam absorptivity）が加工特性に大きく影響する．つまり，光吸収率が高い材料は加工しやすいということができる．

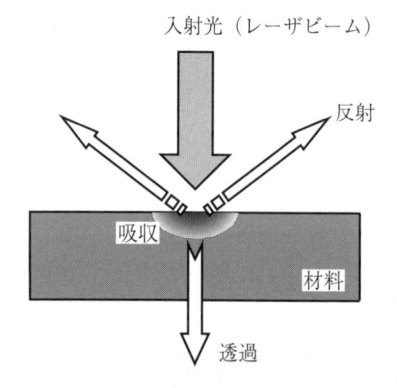

図7.13 材料表面に光が照射されたときに起きる現象

図7.14に各種金属材料の光吸収率を示す．材料の光吸収率はレーザの種類すなわち波長によって異なり，金属材料に対しては波長が短いほうが高いことがわかる．一方，プラスチックやセラミックに対する光吸収率は波長が長いほうが高く，例えばCO_2レーザのアクリルに対する吸収率は99％以上，焼結アルミナに対する吸収率は95％以上である．

図7.15にレーザ加工の概念図を示す．レーザ発振器から出力されたビームは，ノズルヘッドに設けられたレンズで集光され，材料の表面に照射される．使用するレーザの種類や出力は，工作物の材種と加工の種類（切断や溶接）に

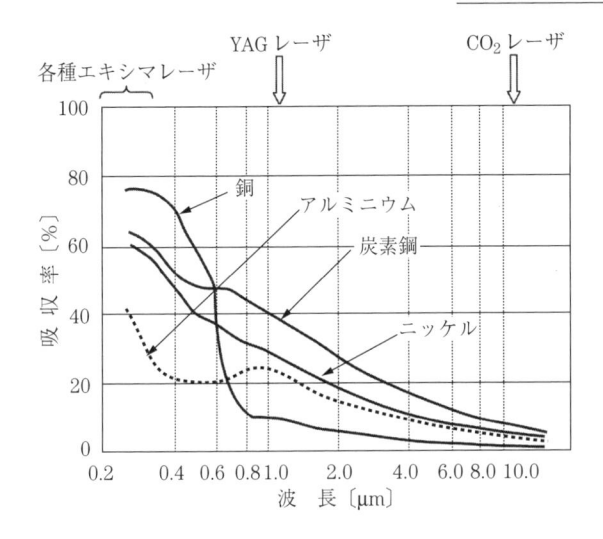

図 7.14 各種金属材料の光吸収率

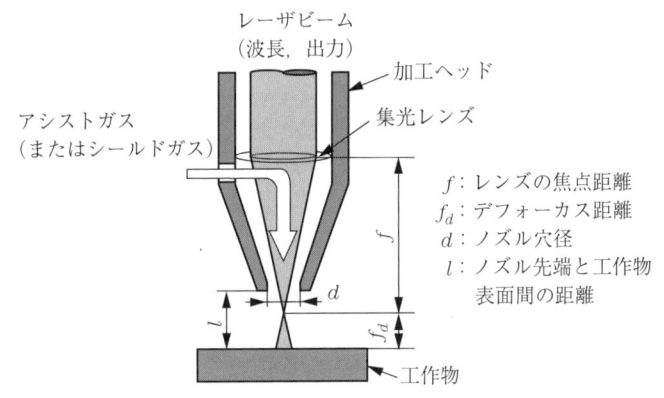

図 7.15 レーザ加工の概念図

f：レンズの焦点距離
f_d：デフォーカス距離
d：ノズル穴径
l：ノズル先端と工作物表面間の距離

よって適宜選択，設定する．

　加工部には，通常，**アシストガス**（assist gas）または**シールドガス**（shield gas）と呼ばれるガスが吹き付けられる．アシストガスは，例えば切断のときに溶融物を吹き飛ばすために使われるもので，その圧力は最大 2 MPa 程度と高い．シールドガスは，例えば溶接のときに溶融部を大気からシールドするために吹き付けられるもので，その圧力は 0.05 MPa 程度以下と低い．

　レーザ加工の特徴をまとめると以下のようになる．

① 高エネルギー密度の微小スポットが得られるので，従来の機械的加工法や電気的加工法では加工できない材料も容易に加工できる。
② 光による非接触加工なので材料に大きな力が加わらない。
③ 大気中での加工はもちろんのこと，必要に応じて特殊なガス雰囲気中，液体中，真空中でも加工できる。
④ 透明体内部の加工ができる。

7.2.2 穴あけ加工

レーザ穴あけ（laser drilling）は，材料表面に対してレーザビーム軸が固定された場合と移動する場合とに大別されるが，ここでは固定された場合について述べる（移動する場合は次項の切断加工とみなす）。レーザ穴加工の特徴は，材種や板厚にもよるが，数十ミリ秒単位の短時間でアスペクト比（穴深さ/穴径）の高い微細穴が加工できることにある。また非接触加工であることから，ドリルでは困難な斜め穴の加工も可能である。穴あけ加工のステップは，基本的には(1)ビーム照射された部分の急激な温度上昇・溶融・蒸発，(2)高圧アシストガスによる加工生成物の除去，(3)加工穴内面の溶融・蒸発，の繰返しである。しかし，加工穴が深くなるに従って，集光レンズの焦点位置から穴底までの距離が長くなることからレーザビームのパワー密度が低下し，穴深さは飽和状態に達する。加工穴の深さと穴径は，機械加工の場合と比べると，パラメータが多様であることから数値計算は容易ではないが，例えば溶融除去を主体とした加工の場合はつぎの計算式が示されている。

$$\text{加工穴の深さ}[2]: d \propto \frac{q\tau}{\rho(L+cT)}$$

$$\text{加 工 穴 径}[3]: D \propto \frac{a}{\sqrt{K}}$$

ここで，q はパワー密度（W/cm^2），τ はビーム照射時間，ρ は材料の密度（g/cm^3），L は溶融潜熱（cal/g），c は比熱（cal/(g・°C)），T は融点（°C），a は定数，K は熱伝導率（cal/(cm・s・°C)）である。

図7.16にCO_2レーザによる穴あけ加工の例を示す。図(a)に示すように，

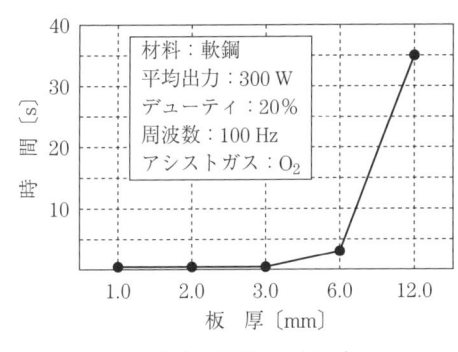

7.2 レーザ加工　　177

（a）貫通に要する時間 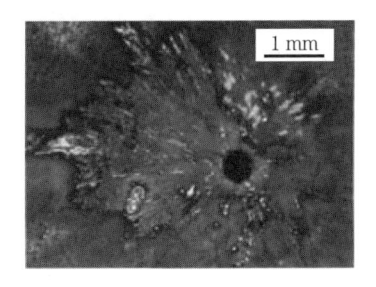　　　　（b）加工穴周辺の状況

図 7.16　CO_2 レーザによる穴あけ加工の例

　厚さ 3 mm 程度以下の薄板の場合は 0.1 s 以下の短時間で加工できる。しかし，板厚が大きくなるに従って加工に要する時間は長くなり，厚さ 12 mm の場合は 35 s を要することがわかる。加工穴径は，板厚 12 mm の場合，表面穴径は 0.45 mm，裏面穴径は 0.40 mm 程度で，アスペクト比 30 の深穴が加工できている。

　加工によって生成した溶融・酸化物は，穴が貫通するまでの間は上に向かって噴出する。したがって図(b)に示すように，加工穴周辺には溶融物が付着しやすい。この付着を防止するには，例えば板材表面にカーボン系のスパッタ付着防止剤を塗布が有効であることが知られている。以上は軟鋼の穴あけ加工の場合であるが，銅やアルミニウムの加工には，ビーム吸収率が高い点において YAG レーザが有効である。また，木材やプラスチックはもちろんのこと，セラミックやダイヤモンドといった難加工材の穴あけ加工も可能である。

7.2.3　切断加工

　金属材料の熱的切断技術には，**レーザ切断**（laser cutting）のほかにガス切断やプラズマ切断などがあるが，切断できる材種の多さ・カーフ幅（切断溝幅）・切断精度・切断速度などにおいて，レーザ切断が最も優れている。

　図7.17にレーザ切断の概念図を示す。レーザ切断は，レーザビームをレン

178   7. 高エネルギー加工

図7.17 レーザ切断の概念図

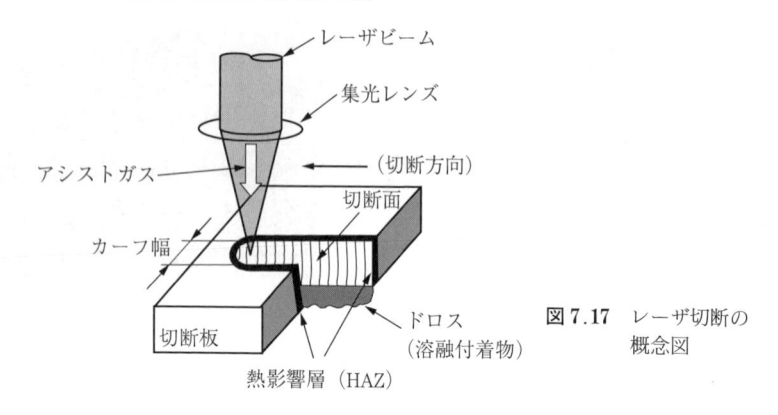

ズや鏡を用いて板材表面に集光照射して溶融，蒸発させ，それらの加工生成物をアシストガスで吹き飛ばしながら分離する加工法である。切断品質の評価項目には，切断面粗さ，ドロス（板裏面に回り込む溶融付着物），カーフ幅，フレア角（切断面の傾斜角），熱影響層（HAZ）などがある。アシストガスの主要な効果は，前記の加工生成物の除去であるが，加工部周辺の冷却やレンズの保護といった効果もある。また，酸素を使用した場合，例えば軟鋼やステンレスといった鉄系材料の場合は，レーザの直接エネルギーに下記反応による酸化生成熱が切断にプラスされることから，特に10 mm 程度以上の厚板の切断に大きな効果が得られる。

$$Fe + \frac{1}{2}O_2 = FeO + 64.0 \text{ kcal}$$

$$3Fe + 2O_2 = Fe_3O_4 + 266.9 \text{ kcal}$$

$$2Fe + \frac{3}{2}O_2 = Fe_2O_3 + 197.1 \text{ kcal}$$

図7.18 に，軟鋼板の切断において切断速度と板厚が切断品質に与える影響を示す。

図は板厚が3.0 mm と 6.0 mm の場合であるが，いずれの板厚の場合も，ドロスフリー切断のためには適切な切断速度を設定する必要があり，それより速くても遅くてもドロス付着が避けられないことがわかる。特に 800 mm/min 以下の低速では，エネルギー過剰による**セルフバーニング**（self-burn-

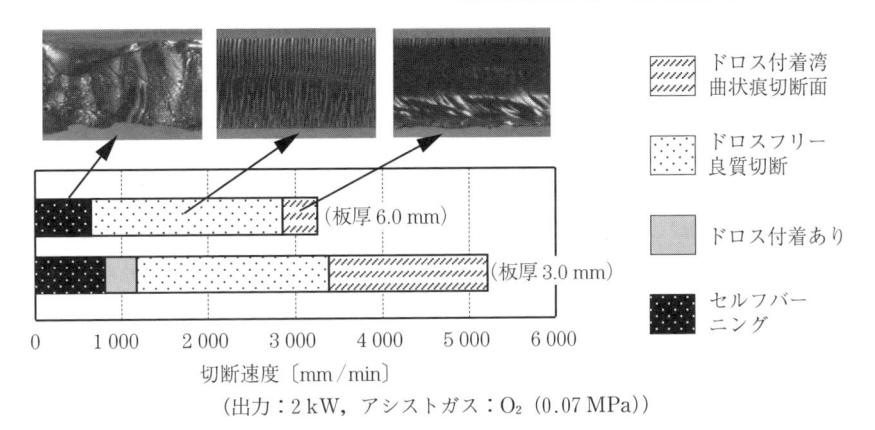

図 7.18 軟鋼板の切断において切断速度と板厚が切断品質に与える影響

(出力：2 kW，アシストガス：O_2 (0.07 MPa))

ing)（鋼板が爆発的に燃焼する現象）が起きる。速度が高くなるに従ってドロスフリーの良好な切断面が得られるが，その速度範囲を超えると切断面下部に湾曲した状痕が発生し，ドロスも付着するようになる。この例ではアシストガスに酸素を使用していることから，切断面の酸化は避けられない。

切断面の酸化を防止するためには大出力レーザとともに高圧窒素（またはアルゴン）アシストガスを使用すればよい。例えば出力 4 kW で切断した場合，厚さ 6 mm のステンレス板を 800 mm/min 程度の速度で無酸化切断できる。

図 7.19 に CO_2 レーザによる各種切断例を示す。図 (a) は高圧窒素アシストガスを使用したステンレス厚板の無酸化切断例であり，切断面は金属光沢を呈している。図 (b) は各種材料の精密切断の例である。金属板だけでなく，機械加工や放電加工では不可能なセラミック板をも精密切断できることを示して

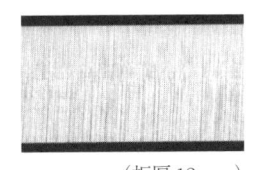

(a) 高圧窒素アシストガスによるステンレスの無酸化切断

(b) 各種材料の精密切断

図 7.19 CO_2 レーザによる各種切断例

いる。

図7.20(a)にレーザビームの透明液体を透過する性質を利用し，液体中でダイヤモンドを加工したときの状況を，通常の大気中加工の場合と比較して示す（使用レーザはQsw-YAGレーザ）。大気中で加工した場合は，加工部に沿って大量の加工生成物（グラファイト）が付着する。これを完全に除去するには，例えば硫酸と硝酸の混酸中で煮沸しなければならない[4]。しかし，液体中（水酸化カリウムの10％水溶液中）で加工すればクリーンな加工が可能である[5]。図(b)は近年注目されているパルス幅150 fs程度の超短パルスレーザで加工した場合である。本レーザによれば大気中加工でも熱影響のない加工が可能である[6]。

(a) Qsw-YAGレーザによる場合
 (平均出力 1.6 W, 5 kHz, 20 mm/min)

(b) 超短パルスレーザによる場合
 (パルスエネルギー 20 μJ, 1 kHz, 60 μm/min)

図7.20 各種レーザによる単結晶ダイヤモンドの加工

7.2.4 溶接・接合

レーザ溶接（laser welding）の最大の特徴は，高パワー密度，微小スポット熱源による材料の急速溶融・急速凝固にある。従来のTIG溶接やMIG溶接と比べて，ビード幅は狭く，溶込みは深く，熱変形がきわめて小さい溶接ができる。ビーム照射部を瞬時に溶融することから，融点が異なる異種金属どうしの溶接も可能である。溶接に用いられるレーザは，従来はCO_2レーザとYAGレーザが主流であったが，近年，小形軽量で大出力化が進んでいる半導体レーザも普及しつつある。

7.2 レーザ加工

図7.21にレーザ溶接のメカニズムの概念図を示す。図に示すように，溶接のメカニズムは薄板溶接の場合と厚板溶接の場合とで大きく異なる。図(a)は，レーザ照射表面からの熱伝導によって溶接する方法である。従来の溶接法と同じメカニズムによるもので，薄板溶接に適している。

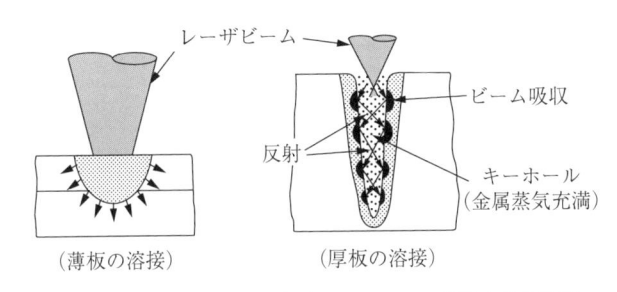

(a) 熱伝導による溶接 （薄板の溶接）
(b) キーホール現象を伴う溶接 （厚板の溶接）

図7.21 レーザ溶接のメカニズムの概念図

図(b)は，例えば鉄系金属溶接の場合は10^5 W/cm^{2}程度以上の高パワー密度において生じる現象で，ビーム照射部に蒸発金属が充満した穴が形成される。この穴は**キーホール**（keyhole）と呼ばれ，穴の壁面は溶融状態にある。この溶融壁面が金属蒸気圧によって押えられている間はキーホールは持続する。その間，照射されたレーザビームはキーホール壁面で吸収・反射を繰返し，より深い部分にまで侵入し，穴の壁面と底部を溶融・蒸発させる。レーザビームが移動してキーホール内の蒸気圧と溶融壁面のバランスが崩れると，溶融物は穴の中に流れ込み，凝固する。これは厚板の溶接には不可欠な現象である。

溶接部の酸化を防止するためにシールドガスが使われる。シールドガスとしてはヘリウムが最も優れているが，高価であることから，一般には窒素またはアルゴンが使われている。

図7.22にCO$_2$レーザでSUS 304をビードオン溶接したときのビーム走査速度と溶込み深さの関係を示す。図に示すように，現在多用されている5 kWクラスの出力をもってすれば，ビーム走査速度1 000 mm/minで8 mm程度の溶込み深さが得られる。

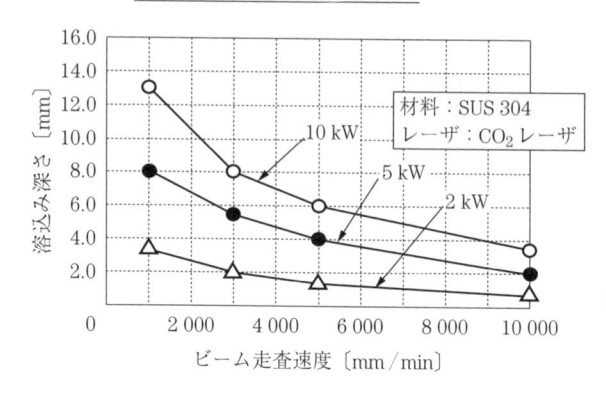

図7.22 ビーム走査速度と溶込み深さの関係

図7.23(a)にステンレスの，図(b)にアルミニウムの溶込み形状の例（YAGレーザによるビードオンプレート）を示す。

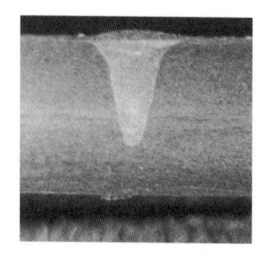

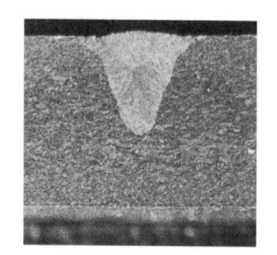

（a）ステンレス　　　（b）アルミニウム

図7.23 各種金属の溶込み形状（ビードオンプレート）（(株)アマダ，YAGレーザ溶接機 YLR-1500 カタログより転載）

図に示すように，溶込み形状は材種によって異なる。ステンレスとアルミニウムを比べると，後者はビーム吸収率が低く，かつ，熱伝導率が高いことから溶込み形状のアスペクト比（溶込み深さ/溶け幅）は小さい。また，アルミニウム合金の溶接においては割れや気孔といった溶接欠陥が生じやすいといった問題があるので，注意が必要である。各種金属の溶接継手の機械的性質は，大まかには，引張強さは母材と同等であり，伸びは若干低下する。硬度は，急速溶融・急速冷却により，高くなる。

図7.24に光ファイバを用いた複数箇所同時溶接法の概念図を示す。図はYAGレーザで管端面に薄板を溶接するときの例であるが，レーザ発振器から出力されたビームをビーム分配器で複数に分岐し，フレキシブルな光ファイバ

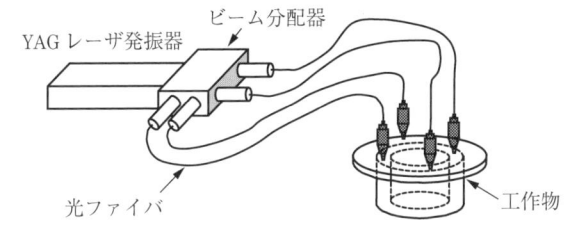

図7.24 光ファイバを用いた複数箇所同時溶接法の概念図

（溶融石英系ファイバ）を介して所定の位置に同時照射する方法である。本法によれば，熱ひずみによって薄板と管端面の間にギャップが生じる間もなく，瞬時に良好な溶接ができる。

図7.25に異種金属の溶接例を示す。急速溶融・急速凝固現象を特徴とするレーザ溶接法によれば，融点や熱伝導率が異なる異種金属どうし，例えば鉄・ステンレスと銅，銅とニッケル，チタンとクロムなどの溶接も可能である。従来困難であるとされていたアルミニウムとの溶接の可能性も示されている。

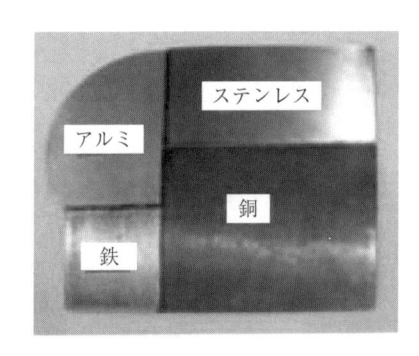

図7.25 異種金属の溶接例
(PCL(株)提供：www.pcl-japan.com (2008))

以上，金属材料の溶接について述べたが，近年，例えば半導体レーザによる透明樹脂の溶着も実用化され，プラスチックと金属の接合も可能になってきている[7]。溶接以外の接合法として，ろう付けやはんだ付けにもレーザの使用が可能である。ろう付けは，例えばセラミックどうしやセラミックと金属といった材種の接合に使用することができる。また，はんだ付けは，熱影響を極力避けなければならないICやマイクロエレクトロニクス周辺回路の形成に使用されている。

7.2.5 表面改質

レーザ表面改質（laser surface modification）の一般的な特徴は以下のようである。

① 必要な部分だけを選択的に，かつ，精密に処理できる。
② 短時間で処理でき，加工ひずみがきわめて小さい。
③ 冷却行程は母材内部への熱伝導による自己冷却によって行われるので，水や油といった冷却媒体は不要である。

図7.26にレーザ表面改質法の種類を示す。

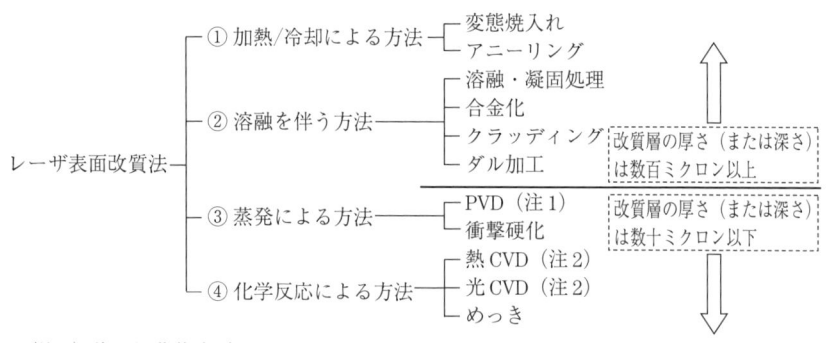

```
                      ┌─① 加熱/冷却による方法 ─┬ 変態焼入れ
                      │                      └ アニーリング
                      │                      ┌ 溶融・凝固処理
                      ├─② 溶融を伴う方法 ────┼ 合金化          改質層の厚さ（または深さ）
レーザ表面改質法 ─────┤                      ├ クラッディング   は数百ミクロン以上
                      │                      └ ダル加工
                      ├─③ 蒸発による方法 ────┬ PVD（注1）     改質層の厚さ（または深さ）
                      │                      └ 衝撃硬化       は数十ミクロン以下
                      │                      ┌ 熱CVD（注2）
                      └─④ 化学反応による方法─┼ 光CVD（注2）
                                             └ めっき
```

（注1）物理的蒸着法（physical vapor deposition）
（注2）化学的蒸着法（chemical vapor deposition）

図7.26　レーザ表面改質法の種類

図に示すように，レーザ表面改質法の種類は多い。その使い分けは，必要とされる改質層の厚さ（または深さ）や処理面積による。例えば改質層の厚さについては，①の加熱・冷却による方法と②の溶融を伴う方法では数百ミクロン以上の改質層が得られ，③の蒸発を伴う方法と④の化学反応を伴う方法では数十ミクロン以下の改質層が得られる。

図7.27に，主として機械産業の分野で多用されている代表的な表面改質法の概念図を示す。図(a)は急速加熱・急速冷却による焼入れの例で，工作機械のすべり面や自動車部品などの焼入れに実用化されている。図(b)はクラッディングの例で，金型の補修やトンネル掘削用の大形工具の補修などの分野で実用化されている。

(a) 熱 処 理　　　　　　　　（b）クラッディング

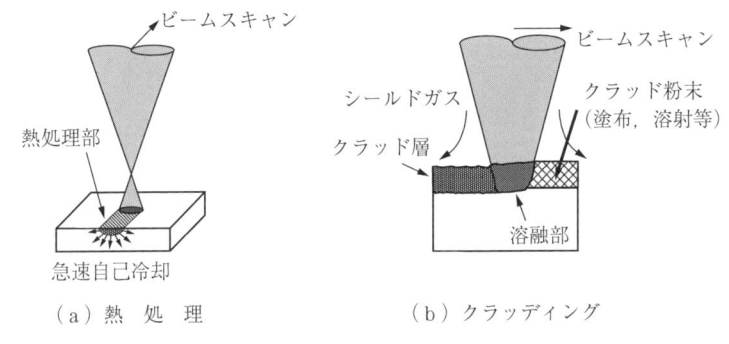

図 7.27 機械産業分野で多用されている表面改質法の概念図

7.2.6 その他のレーザ加工法

図 7.28 にレーザを使用した各種加工例を示す。

(a) マーキング　　　(b) レーザフォーミング

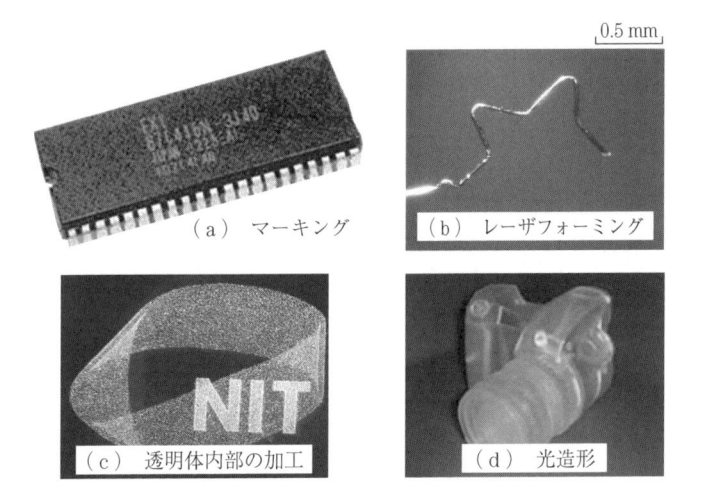

(c) 透明体内部の加工　　　(d) 光造形

（図（d）は（株）ディーメック，SOLID CREATION SYSTEM カタログより転載）

図 7.28 レーザを使用した各種加工例

図(a)はマーキングの例である。ビームを高速度でスキャンし，熱的ダメージを与えることなく，製品の表面にメーカー名，型番，記号や模様を書き込む技術で，インクジェットによる場合と比べて消えることもなく，生産性も高いといった利点がある。電気，電子，機械，自動車ほか，あらゆる産業で実

用されている。

　図(b)はレーザフォーミングと呼ばれる加工法で，パルス YAG レーザで直径 50 μm のステンレス細線を曲げ加工した例である[8]。レーザ照射によって材料表面のみを加熱・膨張させ，その直後の急冷・収縮作用によって塑性変形させるもので，曲げ角度はレーザ照射条件や照射回数で任意に制御できる。本技術は，厚さ数十ミクロンから数ミリの金属板の直線曲げや曲面整形加工にも適用できる[9]。

　図(c)はガラスの内部に Qsw-YAG レーザを三次元照射して描画したものである。この技術はレーザがガラスやプラスチックなどの透明体を透過する性質を利用したもので，エネルギー密度が高い集光レンズの焦点位置を材料の内部に設定し，当該部分のみを溶融・蒸発させて加工する技術である。

　図(d)は光造形と呼ばれる技術で作製したディジタルカメラ構造体である。本加工法は，CADで設計した製品モデルを工作機械や金型を用いることなく直接立体構造化する技術で，ラピッドプロトタイピングとも呼ばれている。CADで設計した立体モデルを等高線でスライスして二次元化し，液状の光硬化樹脂の薄層に紫外線レーザをスキャンして硬化させる。この行程を繰り返して硬化層を積層し，立体構造を短時間で形成する技術である。玩具から携帯電話，カメラ，タイヤのパターンといった，あらゆる製品のモデルの試作に使われる。液体樹脂の代りに金属粉末を用い，製品を直接成形する技術も開発されている。

演 習 問 題

【1】　放電加工はどのようなステップで進行するか簡単に述べよ。
【2】　レーザ加工の一般的な特徴を述べよ。
【3】　レーザ切断におけるアシストガスの効果を述べよ。

8 その他の加工法

その他の加工としてさまざまな加工法が存在するが，本章では粉末成形加工，積層造形，集束イオンビームによるマイクロ加工，超音波併用プラスチック成形加工について述べる。

8.1 粉末成形加工

8.1.1 粉末冶金

金属製の部品を製作する方法として，製品形状の金型内に粉末を充てん・プレスにより加圧して成形体を得て，その後に焼結する粉末冶金という方法があり，高精度の量産方法として多くの金属部品の製造に利用されている。図8.1に粉末冶金の行程を示す。

一般的に粉末を金型に充てんするには，枡切り法で粉末量を計量する。個々の成形用パンチを移動させて粉末を圧縮するが，最終圧縮した後にパンチを移

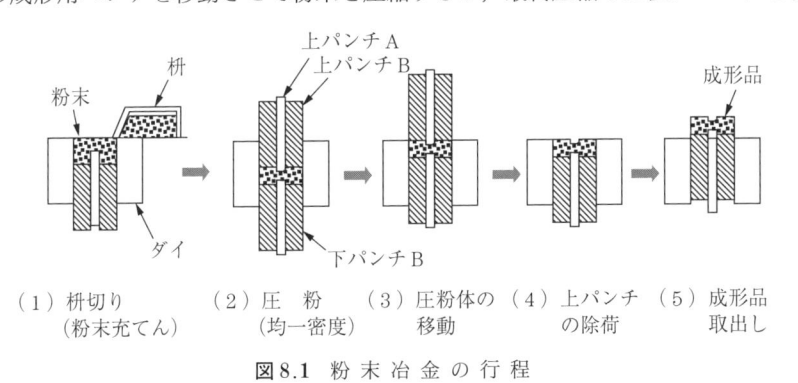

(1) 枡切り (粉末充てん) (2) 圧粉 (均一密度) (3) 圧粉体の移動 (4) 上パンチの除荷 (5) 成形品取出し

図8.1 粉末冶金の行程

動させることはできないため,個々のパンチの移動は粉末の密度が一定となるように複雑な動作が求められ,カムや油圧機構により,移動が制御されている。金属の粉末の場合,成形圧力は200～600 MPa（2～6 t/cm²）程度で成形されるが,成形品の焼結前強度は非常に脆く,このため成形後のパンチ荷重の除荷時にも成形体にクラックが生じないよう,パンチの複雑な動きが求められている。

8.1.2 静水圧成形

静水圧成形とは,変形可能な容器内に金属粉末などを密閉し,水や油,ガスなどの流体に入れて圧力をかけることで粉体を圧縮して成形を行う方法で,複雑な形状でも,相似的に圧縮されるため高密度の成形が可能になる。この静水圧成形は「流体中の圧力はどこも同じである」というパスカルの原理を応用した成形法である。図8.2に静水圧成形法を示す。

　　　　　（a）冷間静水圧成形　　　　（b）熱間静水圧成形
　　　　　　　　　　図8.2　静 水 圧 成 形 法

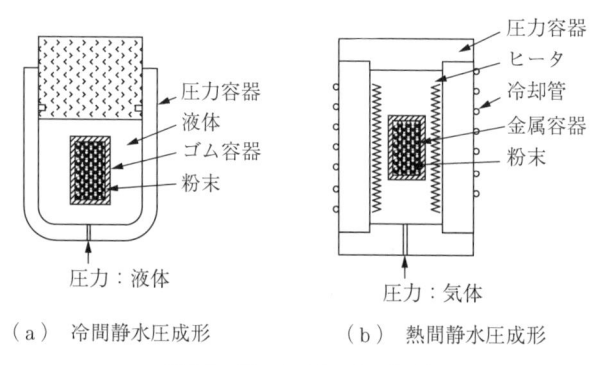

静水圧成形には**冷間静水圧成形**（CIP, cold isostatic press）と**熱間静水圧成形**（HIP, hot isostatic press）がある。

1）冷間静水圧成形　粉末をゴムなどの弾性体容器に封入したものに,水や油などを入れた容器内で高圧を付加して粉末を圧縮成形する方法である。密度は均一になるが成形体の寸法精度はプレス成形体よりも悪いため,後加工が必要な場合が多い。

2）**熱間静水圧成形**　粉末焼結成形技術の一つで，圧縮の方法にプレスを使わず，ガス圧で圧縮するタイプで，HIPには粉末を焼結する方法と，ある程度焼結されたものをさらに圧縮して緻密化する方法の二つの方法がある。一般的には，ある程度焼結された成形品を理論密度近くまで向上させて，欠陥となる空孔をゼロに近付けるためにHIP処理を行うことが多い。この処理により機械的強度が大幅に改善される。

8.1.3 金属粉末射出成形

金属粉末射出成形（MIM, metal injection molding）とは，従来の金属粉末冶金とプラスチック射出成形法を組み合わせた，金属部品製造法の一つである。原料粉末とバインダーを混合・混練した材料を射出成形で部品形状に成形し，その後材料のバインダー成分を真空加熱などにより脱脂してグリーン成形体とし，その後に焼結をして部品とする成形方法で，時計バンドなど同形状の小形部品の量産に用いられている。

金型を用いた射出成形のため，高精度で複雑形状の製造が可能で，金属製品が射出成形法で製造できるため，量産性に優れ部品間のばらつきは少ない。後加工が必要なく，鋳造では困難な細穴形状を有する部品に最適である。

製造できる部品は小形のものに限られ，より大きな部品はダイカスト成形の

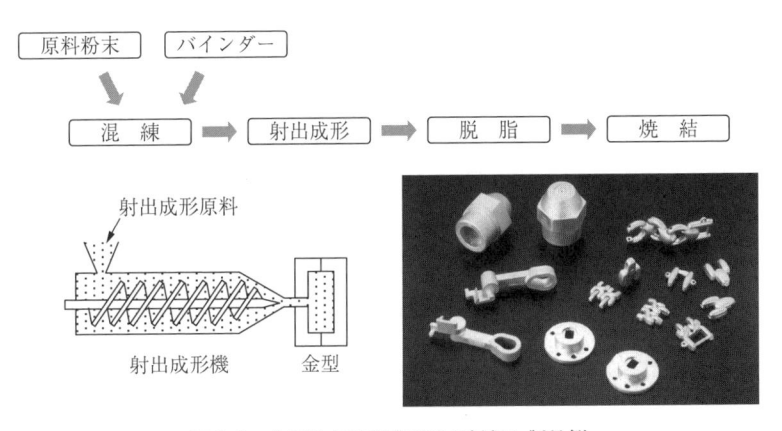

図8.3　金属粉末射出成形法の行程と製品例

ほうが向いているが，ダイカストでは難しいステンレス鋼やセラミックなどの材質が成形できる。製造設備が特殊なため，製品コストがやや高いことが問題点であるが，後加工しない複雑形状部品であれば，コストダウンも可能である。図8.3に金属粉末射出成形法の行程と製品例を示す。

8.1.4 ホットプレス

ホットプレス（hot-press）とは，円筒容器の型に粉末などを入れ，上下一対のパンチにより圧縮しながら加熱し，材料を成形・焼結する方法である。円筒容器の型には黒鉛やセラミックの耐熱性が高いものが用いられる。金属製の型の場合には，酸化による劣化を防止するため高真空や不活性ガス中での加熱が必要となる。加熱しながら1軸圧縮するため，通常の部品焼結体よりも密度が高い焼結が行える特徴があるが，複雑な形状は成形できない。

比較的大きな面積をプレスすることが可能なため，シート積層品のホットプレスにより複合材料などが製作されている。焼結を目的としない加熱圧縮を目的としたホットプレス装置も多々あり，生ゴムの加硫などの場合は，加熱温度が低いため空気中で大面積のホットプレスを行う装置もある。ホットプレス装置の熱源には，高周波誘導，電熱，高温ガス，加熱蒸気，熱水，熱オイルなどさまざまなものがあり，加熱方法やコストを考慮して用いられている。

放電プラズマ焼結法（SPS，spark plasma sintering method）は，ホット

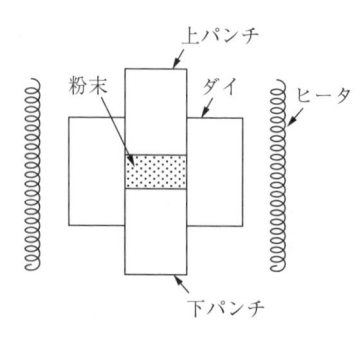

(a) 概略図　　　　　　　(b) 焼結装置

図8.4　ホットプレス成形概略図と放電プラズマ焼結装置

プレスとプラズマ発生機を組み合わせた装置で，黒鉛型を用い数ボルト程度電圧を負荷し，数百アンペアの電流を流して黒鉛を発熱させて焼結させるため，均質高品位の焼結体が得られる。

図8.4にホットプレス成形概略図と放電プラズマ焼結装置を示す。

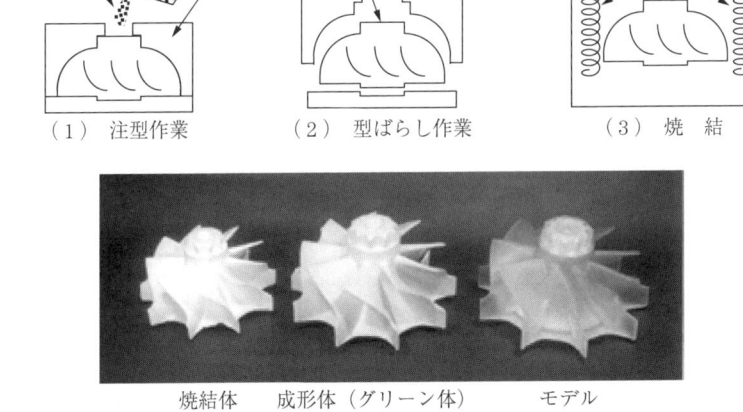

8.1.5 泥しょう鋳込み成形

泥しょう鋳込み成形（slip casting）は別名スリップキャスティングとも呼ばれ，古くから陶磁器の製法として利用されている。原料の粉末を溶剤（一般的には水）に分散したもの（泥しょう，スラリーと呼ぶ）を石こう型などに流し込み，泥しょうの水分が石こうにしみ込み，固化する。その後，型をばらして固化したものを取り出す。石こう型は，しみ込んだ水分を乾燥させてから何度も繰り返して使用する。簡単な設備で複雑な形状が成形できるが，生産性や寸法精度が悪い欠点がある。

図8.5に泥しょう鋳込み成形を示す。より早く着肉させる方法として，加圧鋳込み成形という泥しょうを加圧して着肉速度を速める方法があるが，その場合は石こう型の強度を上げる必要がある。

（1）注型作業　　（2）型ばらし作業　　（3）焼結

焼結体　　成形体（グリーン体）　　モデル

図8.5　泥しょう鋳込み成形法

衛生陶器は泥しょう鋳込み成形の代表例で，大形の複雑形状が成形できている。固化した成形体は常圧で加熱・焼結されて焼き物の製品となる。

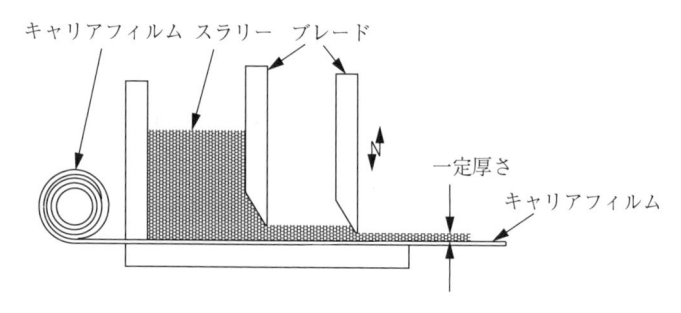

8.1.6 ドクターブレード法

ドクターブレード法（doctor brade method）とは，セラミックスのシートを製作する方法の一つである。キャリアフィルムの上にナイフ刃であるブレードとキャリアフィルムの間隙を調整し，キャリアフィルムを滑らせて引き出すことで，シート上のスラリーの厚さを精密に制御することができる。図8.6にドクターブレード法を示す。

図8.6 ドクターブレード法

粘性がやや高めのスラリーは，バインダーや可塑剤，分散剤，消泡剤および揮発性の高い溶剤を混合し混練して作製されるが，使用する薬品や配合などはノウハウのため，ほとんど公開されていない。溶剤に水も使用できるが，有機溶剤に比べ乾燥に時間がかかり生産性が悪いため，あまり使用されていない。

一定の厚さとなったスラリーは，その後，温風乾燥などで溶剤を揮発させてハンドリングできる程度に強度を持たせた後，キャリアフィルムを剝離して使用する。電子セラミック部品である積層セラミックコンデンサなどが，このドクターブレード法で製作されている。

8.2 積層造形法

部品などの設計において，3D-CADの利用が日本においても広まってきて

いる．しかし，CADによる設計ではモニタ上で仮想的に三次元形状に見えるものの，手で触れて確認したりすることはできない．CADデータの出力は現状二次元となっている．これらCADで設計したものを現実に手で触れることができるモデル作成用途として，初めに光造形法が開発された．

8.2.1 光造形法の原理

図8.7に光造形法（stereolithography）の原理を示す．光造形法では，三次元CADデータをスライスデータに処理し，1層ごとのスライスデータを用いてレーザ光学系などによる光造形装置を用いて造形される．光造形の行程を以下に列挙する．

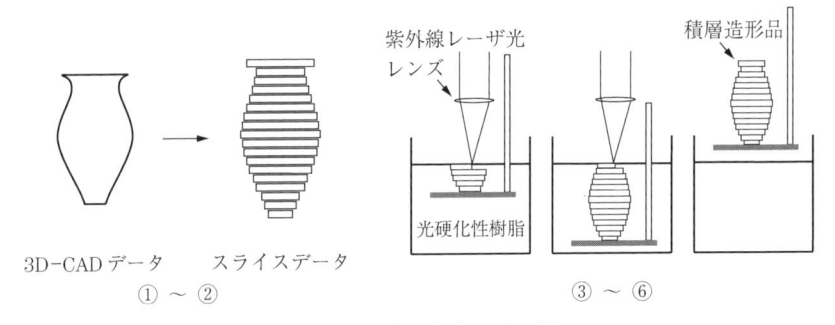

図8.7 光造形法の原理

① 三次元CADなどにより設計された機械部品モデルから高さ方向に等間隔の断面を算出し，輪郭線よりなるスライスデータを作成する．
② スライスデータに基づいて，輪郭内部を塗りつぶすため，レーザスポットの軌跡を計算し，レーザ走査軌跡データを生成する．
③ 光硬化性樹脂を蓄えたタンクに，上下に移動が可能な可動テーブルを配置し，第1層分の厚さまでテーブルを樹脂に沈める．
④ 走査軌跡データに従って紫外線レーザ光を走査し，作製しようとする模型の断面形状に樹脂を硬化させる．
⑤ テーブルを下げて液面下に硬化物を沈め，つぎの1層分を造形するための厚さ分テーブルを沈める．

⑥ つぎの層のレーザ光を照射する。物体断面形状に樹脂を硬化させると，下層と結合した硬化層が形成されていく。

以後④〜⑥を繰り返し，最終の層まで樹脂を硬化させて立体模型の造形が完了する。

8.2.2 各種積層造形法

（a） **光造形法**　　初めに開発された積層造形法であるが，その後，積層造形品に強度が求められ，取扱いや外観などが重視されたため，各種の積層造形法が生まれた。図8.8に各種の積層造形法を示す。

（a）光造形法　　　　（b）粉末焼結法　　　　（c）インクジェット法

（d）溶融樹脂押出法　　（e）シート積層法

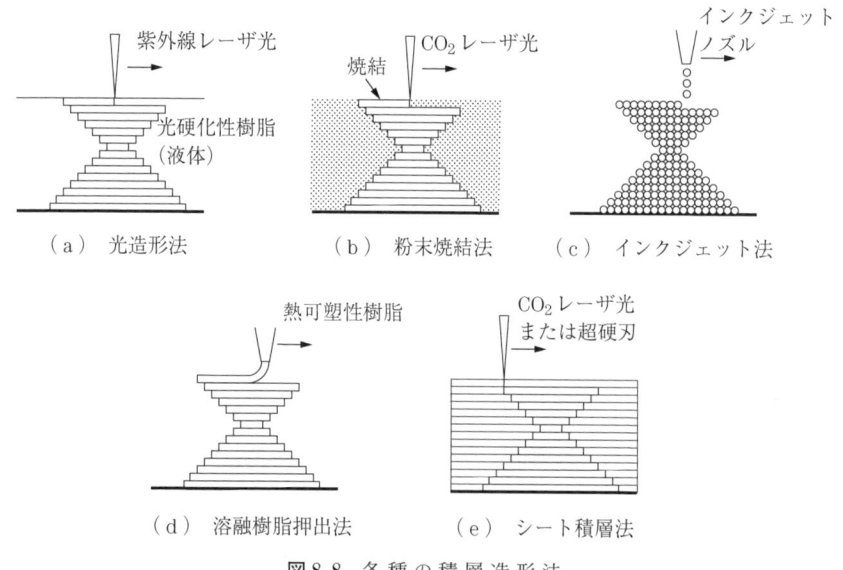

図8.8　各種の積層造形法

（b） **粉末焼結法**（SLS, selective laser sintering）　　光造形同様に3Dデータを基に粉末素材により強度のあるレーザを照射して，1層ごとに焼結させ層を積み上げることにより立体物を生成する方法のことで，焼結された造形物の周りに未焼結粉末が充てんされた状態になっている。

粉末材料には金属粉末のほかにナイロン，ポリカーボネート粉末などが使用

でき，塑性変形可能なモデル製作に使用されている．

（c） **インクジェット法** (inkjet method)　ノズルより液滴を滴下させ，堆積固化させて立体物を生成する方法のことで，インクジェットタイプのヘッドを平面内で走査させ，固化材料粉末をノズルから噴出させる接着剤などで固めて薄層を形成し，積層して造形物を作る方法．固化させる対象に，石こうや澱粉などの安価な材料のものが開発されている．

（d） **溶融樹脂押出法** (fused deposition modeling)　細いノズルの先端から溶けたワックスや樹脂を押し出し，この細線状樹脂を固化させながら面状に走査させて積層造形を行う方法であり，押出物には汎用樹脂である安価なABSやナイロン樹脂を使用できるため，造形品は弾力性に富み，少量であればそのまま実用品に用いることが可能である．

ワックスで作成されたモデルの場合は，ロストワックスモデルとしての利用ができ，指輪などの小物部品製作に多用されている．

（e） **シート積層法** (laminated object manufacturing)　他の積層造形法と異なり，積層には紙やプラスチックシートが利用される．シートの切断には，光造形同様にスライスデータを利用して行うが，切断にはCO_2レーザと超硬刃を利用するタイプがある．シートどうしの接着にはコピー機のトナーが用いられることが多く，ホットプレスの加熱圧着で接着した後に切断を行う．積層した必要部分を簡便に取り出しやすくするため，造形部以外の箇所にはマス目状にカットしておくなどソフトウェア面での工夫がなされている．

安価な普通紙が使用でき，また造形品は後から切削または接着などができ，塗装も簡単なため，デザイン関連に多用されている．また鋳造用の木型の代用としても多くの利用がある．

8.3　集束イオンビームによるマイクロ加工[1)~3)]

8.3.1　集束イオンビーム装置

集束イオンビーム装置（FIB, focused ion beam）は，微細に絞ったイオン

ビームを用いて単結晶,アモルファス,シリコン半導体,金属,高分子材料などの「試料」を直接ビームにより加工する装置で,本来は電子顕微鏡観察を行う際に特定部位の断面加工あるいは試料を厚さ50 nm程度に薄片化するための試料前処理装置として多く利用されている。また,使用するビームは直線加工に限定されている。

近年,FIB装置ではイオンビームのスポット径が5 nm程度に微細化され,ナノサイズの加工を行えるまでに至っている。加工形状機能としては,直線,方形,円や自由曲線などの任意形状加工のほか,画像データであるビットマップデータによる加工や,さらに任意の1点のビーム照射時間を制御できることによる三次元加工に対応する機能が付加されている。

FIB装置では,おもにガリウムイオンビームを集束してスポット径を小さくし被加工物に照射して微細な加工を行うことで,超硬質材料であるダイヤモンドに対しても加工が可能となる。

同様な微細加工を行う方法としては,半導体加工技術から発展した**LIGA**(lithograph galvanformung und abformug)プロセスが有名であるが,LIGAは基本的にマスクの一部を除去加工して,その後のエッチングにより,マスクと同一形状の加工深さのある除去加工を行い,除去加工されたものをモデルとして用い電鋳により型を作る技術であるため,LIGAでは直接試料の加工は行わない。また,その加工はマスクと同形状の二・五次元となる。さらには,LIGAではダイヤモンドの加工は行えない。それに比較して,FIB加工は,直接ワークに対してイオンビームを照射して加工を行うため,マスクは必要なく,同一箇所を複数回加工することも可能であり三次元形状の加工が行える。

8.3.2 マイクロ金型材料としてのダイヤモンド

マイクロマシンの使用環境を考慮すると,同マシン用材料は無潤滑でも摩擦係数が小さく,摩耗が小さいことが必要とされる。ダイヤモンドは良好なトライボロジー特性や耐薬品性を有しているため,マイクロマシンの材料として期待されているが,超硬質のため,任意の形状とりわけ三次元形状に加工するこ

とが非常に困難である．

8.3.3 集束イオンビーム装置の原理

FIB装置の構造概念図を図8.9に示す．ガリウムイオン源はプラスの高電圧に保たれており，数kV～40 kVのエネルギーを持ったイオンビームが試料に照射される．イオンは磁界の作用を受けにくいため，集束イオン装置ではイオンを集束させるために静電レンズが使われており，イオンビームの走査には静電気が利用される．

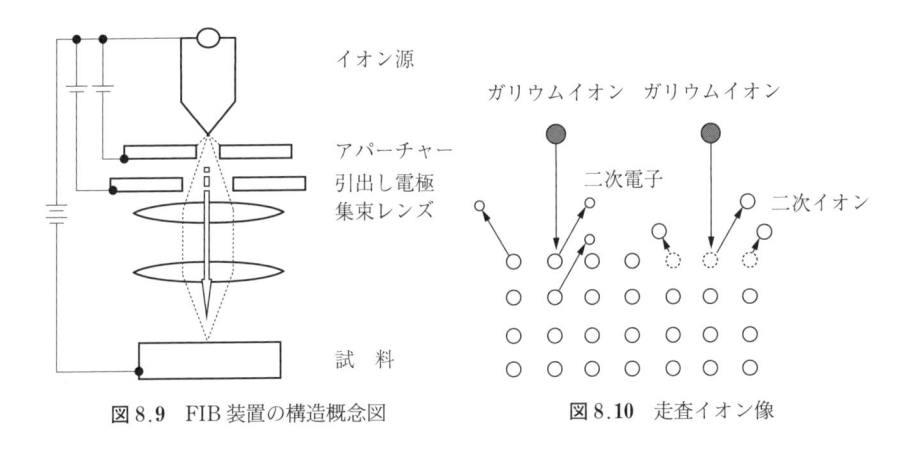

図8.9　FIB装置の構造概念図　　　図8.10　走査イオン像

また，試料観察のためには二次電子検出器が備えられており，図8.10に示すように加速されたガリウムイオンが試料表面の原子をはじき飛ばし（スパッタリング現象）試料を原子レベルで削ることができる．励起された二次電子を信号とした**走査イオン像**（SIM（scaning ion microscopy）像）を得ることができる．

8.3.4 加 工 事 例

図8.11にFIBによるダイヤモンドのマイクロ金型の例を示す．これは，合成ダイヤモンド単結晶の表面に0.4 nAのビームを照射し，円形の形状加工に続けて，同一場所に「NIT」の鏡文字の加工を行った例である．1個の加工時

198   8. その他の加工法

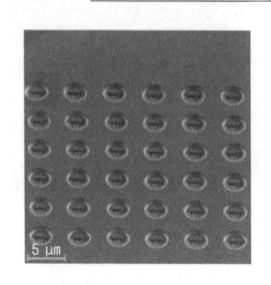

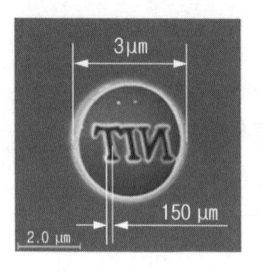

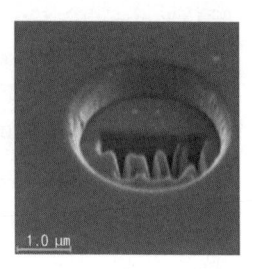

(a) ダイヤモンド製型36個　　(b) (a)の拡大図　　(c) (b)の45°斜視図
　　（加工時間108分）　　　　（加工時間：3 min/個）

図8.11　FIBによるダイヤモンドのマイクロ金型の例

間は3分と多少長くなるが，文字の部分の加工幅は150 nmであり，ダイヤモンドに対してサブミクロンの加工レベルで除去加工が行えた。また，36個の同一形状の加工を行った。加工時間は108分である。これらは，ダイヤモンド製の耐久性のある成形型としての利用が考えられる。

　完全三次元加工に使用するデータは，CADまたは形状測定機などにより得られた三次元形状データを使用することができる。このCADを用いることで，加工形状の一部に設計変更があってもデータの変更を迅速に対応させることが可能となる。

　加工方法は，三次元形状データのX-Y座標の1点ごとのZ軸方向の高さに相当する深さを，ガリウムイオンビームの滞在時間に対応させて，加工領域全面の各点を順次制御することで行う。この加工方法は，CADデータを利用し加工機械を制御することから機械加工のマシニングセンタと類似しているが，この場合，工具がイオンビームであるため，ビームによる加工では工具の位置を静止しても，ビームは止められないので加工が進行してしまう点が大きく異なる。また，ダイヤモンドに対する最小加工寸法は約20 nmと極小であり，機械加工では実現不可能な寸法でマイクロ・ナノレベルの三次元加工を行うことができる。

　図8.12にFIBによるダイヤモンドの完全三次元形状ナノ加工の例として，鯛の形状および人面を加工したものを示す。鯛では全長25 μmに加工されて

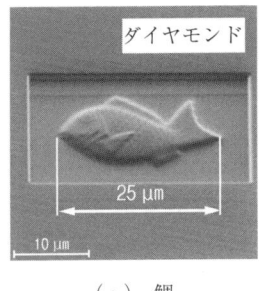

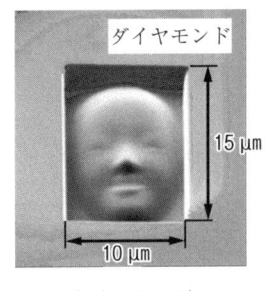

8.4 超音波併用プラスチック成形加工

(a) 鯛　　　　　　　　　(b) 人面

図 8.12 FIB によるダイヤモンドの完全三次元形状ナノ加工の例

いる。この加工には座標データ数約 40 万点を制御し，三次元形状加工を実現した。ただし，高精度に加工を行うために加工に使用するビーム電流を小さくしたため，加工時間は数時間を要した。

8.4 超音波併用プラスチック成形加工

5 章では，プラスチック材料の一般的な成形加工方法について述べられているが，ここでプラスチックの射出成形などでは成形が不可能な，ごく薄いシート表面に精密な成形を行うための方法について，超音波振動を利用した転写加工について述べる。

DVD（digital versatile disk）に代表されるプラスチックの精密射出成形分野では，**ブルーレイディスク**（Blu-ray Disc）など微細形状転写の高精度化・ハイサイクル化・薄肉軽量化などの生産性向上のための技術開発が求められている。これらの微細形状の転写を行う方法として，射出成形時に圧縮成形を並行して行う，射出圧縮成形法や，射出金型に超音波振動を付与しながら射出する超音波射出成形[1),2)]が，金型表面の微細な形状をプラスチック表面に転写する成形として利用されている。

また現在，取り扱う情報量のいっそうの増加が求められており，さらに微細な形状をプラスチックに転写する成形技術開発が必要不可欠となる。

200   8. その他の加工法

　一方，超音波射出成形では金型に超音波振動を与えることにより，樹脂の流動性の向上や，転写性の向上などさまざまな効果が得られることが分かっている。

　また，超音波を利用した超音波接合技術は，本来プラスチックの接合に適しているが，その方法は，超音波振動させたホーンに2枚の重ねたシートを押し当てることにより，接合面に摩擦が生じ，また接合物自体が受ける圧縮膨張の繰返しによってその内部が発熱し，さらに超音波の衝撃力により材料が軟化，溶融して接合する方法である。

　超音波転写加工（超音波スタンピング）[3]では，この超音波接合技術をプラスチックの加熱源として利用することで，射出成形ができないような薄いプラスチックシートなどの表面に，微細形状の転写を短時間で高精度に行うための加工法に関して述べる。

8.4.1　加工装置と加工原理

　超音波転写加工では，超音波接合装置を参考にして，超音波振動を利用した形状転写方法がある。超音波接合では2種類のプラスチックどうしを接合するのに対して，超音波転写加工では超音波発振器で得られた超音波振動をホーン端に伝達し，対するホーン端と微細形状を有する金型の間に熱可塑性のプラスチックシート1枚を一定圧力で挟み込んだ状態で超音波振動を付加させる。**図8.13**に超音波振動転写加工装置の概略図を示す。

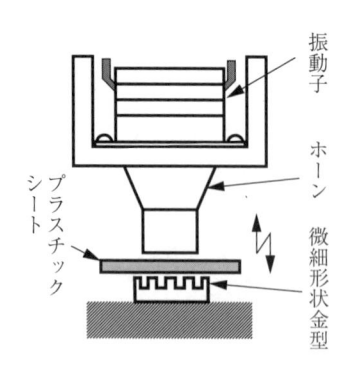

図8.13　超音波振動転写加工装置の概要図

使用する超音波の周波数は 20 kHz 以上が好ましく,高い周波数および振動振幅の場合には,微細な凹凸を有する金型との摩擦を大きくすることができ,プラスチックと金型の接触面の温度をより短時間で上昇させることができる。

8.4.2 特　　徴

プラスチックの表面に超音波振動を利用した微細模様の転写成形法を利用することで,射出成形では成形不可能な薄いシート材料の表面などに微細形状を圧印加工することが可能となる。一般的に,射出成形では薄いシートを成形することは不得意で,このためには高速射出成形機が必要となるが,本方法では事前に成形されたシートを軟化,またはプラスチックの表面のみを軟化させつつ微細形状を転写させるため,射出成形では問題となるプラスチックと金型との接触によって生じる冷却・固化による形状転写不良の問題は生じない。このため微細形状の転写を行う場合に本方法は大変有利となる。

すなわち,超音波転写加工では,金型表面とプラスチック表面が加圧された状態下で摩擦により発熱し,材料が軟化する。このため,軟化したプラスチックは金型表面に密着し,超音波振動の付加を停止すると急速に冷却されるため,プラスチックは金型表面に密着した状態で固化するため微細形状の転写が可能となる。

これにより,プラスチック材料の転写に必要な部分のみ加熱することができるため,余分な箇所を加熱軟化させる必要がなく,省エネルギーでハイサイクルな成形が可能となる。また,余分な箇所を加熱軟化させることがないことから,成形品の変形が生じにくい成形法であり,高品位の転写成形が行える。

8.4.3 成形加工事例

加工に使用した超音波発振器の出力が 30 W と小さいため,大きな面積を加熱溶融することはできないが,基本的に高出力の装置であれば大面積の加工が行える。微細形状金型としては,最小線幅 1 μm のシリコン基板上 IC のパターンを用いた。

8. その他の加工法

・加工事例1として，射出成形では成形が不可能な厚さ $40\,\mu m$ のポリエチレンシートをICパターン（微細形状金型）と超音波ホーンの間に挟み，エアシリンダにより加圧し一定圧力に保持した。その後，$60\,kHz$ で片振幅 $6\,\mu m$ の超音波振動を1秒間付加した。

図 8.14 に超音波振動転写加工法の模式図を示すが，超音波振動を付加する時間の制御方法は，材料が一定圧力で加圧された状態から，超音波振動が付加され材料が軟化するとプラスチック材料中にホーンが押し込まれて行くが，この移動量をセンサで感知し超音波振動を停止することで，一定厚さの成形品を得ることができる。また，ホーン自体の移動量をストッパーなどで初めに決めておくことにより，成形品の厚さ制御が簡便に行える。

図 8.15 に転写されたプラスチックシート表面の SEM 写真を示すが，写真に示すように，$40\,\mu m$ のシート上に微細形状が精度よく転写されている。

図 8.14 超音波振動転写加工法の模式図

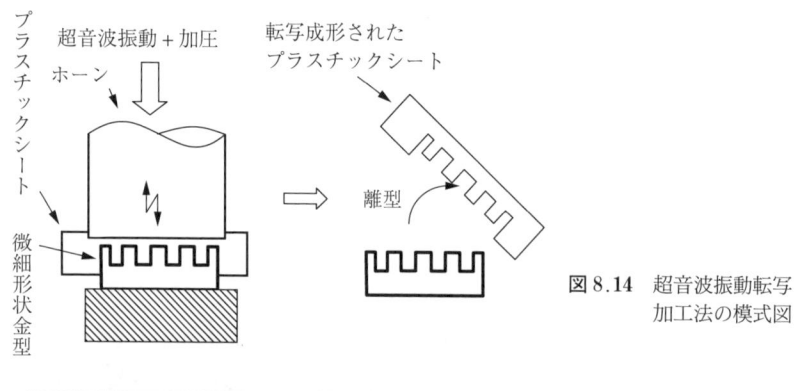

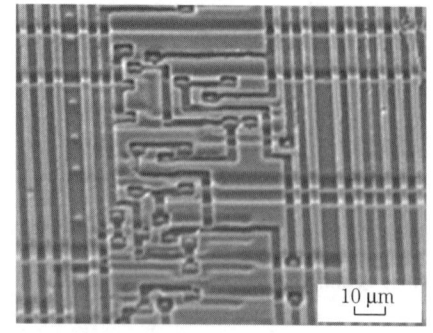

図 8.15 転写されたプラスチックシート表面の SEM 写真

このように，プラスチック成形体の一部分のみに微細形状を転写することも可能となる。

・加工事例2として，図8.16に厚さ4mmのアクリル樹脂板の表面に，金型を同じく60kHz片振幅6μmで超音波振動させICパターンを転写した例を示す。微細なICパターン模様が精度よくアクリル樹脂表面に反転している。

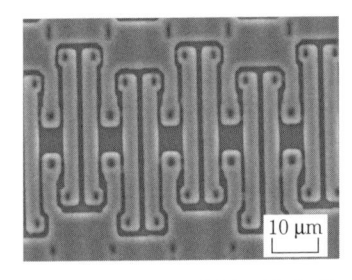

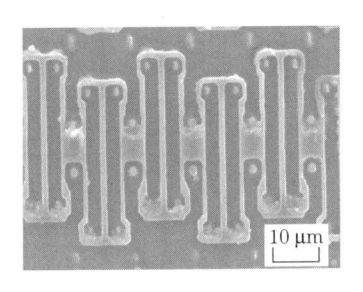

（a） ICパターン（微細形状金型）　　（b） 転写成形品

図8.16　厚さ4mmのアクリル樹脂板の表面にICパターンを転写した例

超音波転写加工では短時間で微細な転写が行え，しかも転写加工に必要な部分のみを加熱することから，微細模様の転写ができるとともに成形体自体の反りや変形が起きにくく，かつ省エネルギーなプラスチック成形法である。

演 習 問 題

【1】 金属粉末のプレス成形加工で，直径100mmの円筒体を成形する場合に，プレス機器の能力：成形荷重（tf）を求めよ。ただし成形面圧を500MPaとする。円周率を3として計算する。

【2】 上記粉末成形体の厚さが1cmとして，成形体と金型との摩擦係数を0.2とした場合に，ダイから成形体を取り出すための荷重（tf）を求めよ。

付　録

SI 単位換算率表
（太線で囲んである単位が SI 単位）

SI 接頭語

倍数	接頭語	記号
10^9	ギガ	G
10^6	メガ	M
10^3	キロ	k

力

N	dyn	kgf
1	1×10^5	$1.019\,72 \times 10^{-1}$
1×10^{-5}	1	$1.019\,72 \times 10^{-6}$
$9.806\,65$	$9.806\,65 \times 10^5$	1

圧力

Pa	bar	kgf/cm²	atm	mmH₂O	mmHg または Torr
1	1×10^{-5}	$1.019\,72 \times 10^{-5}$	$9.869\,23 \times 10^{-6}$	$1.019\,72 \times 10^{-1}$	$7.500\,62 \times 10^{-3}$
1×10^5	1	$1.019\,72$	$9.869\,23 \times 10^{-1}$	$1.019\,72 \times 10^4$	$7.500\,62 \times 10^2$
$9.806\,65 \times 10^4$	$9.806\,65 \times 10^{-1}$	1	$9.678\,41 \times 10^{-1}$	1×10^4	$7.355\,59 \times 10^2$
$1.013\,25 \times 10^5$	$1.013\,25$	$1.033\,23$	1	$1.033\,23 \times 10^4$	$7.600\,00 \times 10^2$
$9.806\,65$	$9.806\,65 \times 10^{-5}$	1×10^{-4}	$9.678\,41 \times 10^{-5}$	1	$7.355\,59 \times 10^{-2}$
$1.333\,22 \times 10^2$	$1.333\,22 \times 10^{-3}$	$1.359\,51 \times 10^{-3}$	$1.315\,79 \times 10^{-3}$	$1.359\,51 \times 10$	1

注　$1\,\mathrm{Pa} = 1\,\mathrm{N/m^2}$

応力

Pa	MPa または N/mm²	kgf/mm²	kgf/cm²
1	1×10^{-6}	$1.019\,72 \times 10^{-7}$	$1.019\,72 \times 10^{-5}$
1×10^6	1	$1.019\,72 \times 10^{-1}$	$1.019\,72 \times 10$
$9.806\,65 \times 10^6$	$9.806\,65$	1	1×10^2
$9.806\,65 \times 10^4$	$9.806\,65 \times 10^{-2}$	1×10^{-2}	1

力

$0.01\,\mathrm{gf} \fallingdotseq 0.1\,\mathrm{mN}$
$0.1\,\mathrm{gf} \fallingdotseq 1\,\mathrm{mN}$
$1\,\mathrm{gf} \fallingdotseq 10\,\mathrm{mN}$
$10\,\mathrm{gf} \fallingdotseq 100\,\mathrm{mN}$
$100\,\mathrm{gf} \fallingdotseq 1\,\mathrm{N}$

応力

$1\,\mathrm{kgf/mm^2} \fallingdotseq 10 \times 10^6\,\mathrm{Pa}$
$\fallingdotseq 10\,\mathrm{MPa}$
$10\,\mathrm{kgf/mm^2} \fallingdotseq 100\,\mathrm{MPa}$
$100\,\mathrm{kgf/mm^2} \fallingdotseq 1\,000\,\mathrm{MPa}$
$\fallingdotseq 1\,\mathrm{GPa}$

仕事・エネルギー・熱量

J	kW·h	kgf·m	kcal
1	$2.777\,78 \times 10^{-7}$	$1.019\,72 \times 10^{-1}$	$2.388\,89 \times 10^{-4}$
3.600×10^6	1	$3.670\,98 \times 10^5$	$8.600\,0 \times 10^2$
$9.806\,65$	$2.724\,07 \times 10^{-6}$	1	$2.342\,70 \times 10^{-3}$
$4.186\,05 \times 10^3$	$1.162\,79 \times 10^{-3}$	$4.268\,58 \times 10^2$	1

注　$1\,\mathrm{J} = 1\,\mathrm{W \cdot s}$, $1\,\mathrm{W \cdot h} = 3\,600\,\mathrm{W \cdot s}$, $1\,\mathrm{cal} = 4.186\,05\,\mathrm{J}$（計量法による）

参 考 文 献

2 章
1) 中島利勝，鳴瀧則彦：機械系大学講義シリーズ，機械加工学，コロナ社（1983）
2) 竹山秀彦：大学講義，切削加工，丸善（1980）
3) 田口紘一，明石剛二：機械系教科書シリーズ，精密加工学，コロナ社（2003）

3 章
1) 古閑伸裕：プレス技術，**45**，2，p. 42（2007）
2) 日本塑性加工学会編：塑性加工入門，コロナ社（2007）
3) 日本塑性加工学会編：塑性加工技術シリーズ 12，せん断加工，コロナ社（1992）
4) 日本塑性加工学会編：塑性加工技術シリーズ 13，プレス絞り加工，コロナ社（1994）

5 章
1) 松岡信一：図解プラスチック成形加工，コロナ社（2002）
2) 廣恵章利，本吉正信：プラスチック成形加工入門，日刊工業新聞社（1979）
3) プラスチック成形加工学会編：テキストシリーズ，プラスチック成形加工学Ⅲ，Ⅵ 先端成形加工技術，シグマ出版（1999）
4) プラスチック成形加工学会編：テキストシリーズ，プラスチック成形加工学Ⅰ，流す・形にする・固める，シグマ出版（1996）
5) プラスチック成形加工学会編：図解 プラスチック成形材料，工業調査会（2006）

7 章
1) 近藤 巌，西本 康：ワイヤ放電加工の加工精度に関する研究，電気加工学会誌，**19**，37，pp. 12-26（1985）
2) H. G. Landau: Quart. App. Math., 8, p. 81（1950）
3) T. Miyazaki, T. Uyeyama, Y. Yamamoto: Ann. of CIRP, **22**, 1, p. 67（1973）
4) 手塚信一，吉川昌範：YAG レーザによるダイヤモンド粒の切断，精密工学会誌，**55**，10，pp. 1863-1868（1989）
5) 宮澤 肇，三宅正二郎，渡部修一，竹内貞雄，宮崎俊行，村川正夫：ダイヤモンドのレーザアシストケミカルエッチング，レーザ協会誌，**21**，1，pp. 14-17（1996）

6) 宮澤　肇，竹内貞雄，飯塚完司，村川正夫，四方山和彦：フェムト秒レーザによるダイヤモンドの加工，2001年度精密工学会春講論，p. 112（2000）
7) Yusuke Niwa, Yousuke Kawahito, Seiji Katayama: Development and Improvement in Laser Direct Joining of Metal and Plastic, Proc. of ICALEO 2007, pp. 463-470（2007）
8) 宮澤　肇，吉岡俊朗，宮崎俊行：水中レーザ加工法による金属細線のマイクロフォーミング，2001年度精密工学会秋講論，p. 164（2001）
9) 吉岡俊朗：レーザフォーミングによる三次元加工，レーザ加工学会誌，**10**，3，pp. 1-5（2003）

8 章

1) I. Miyamoto: Focused Ion Beam Fabrication of Micro-Mechanical Parts, Annals of the CIRP, **39**, 1, p. 205（1990）
2) J. Taniguchi and I. Miyamoto: Electron Beam Assisted Eyching of Single Crystal Diamond Chips, Proc. of the MRS (Material Research Society in USA), **354**, p. 711（1995）
3) I. Miyamoto, J. Taniguchi and S. Kiyohara: Fine Finishing of Diamond Tools with Broad Ion Beams, New Diamond and Frontier Carbon Technology, **10**, 2, p. 63（2000）
4) 佐藤　淳，安部知和：成形加工，**10**，6，pp. 445-451（1998）
5) 佐藤　淳，片桐邦俊：成形加工，**12**，6，pp. 340-345（1998）
6) 特開2001-266417

演習問題解答

2 章

【1】

硬さ	材　種	硬さ	特　徴
軟 ↓ 硬	高速度工具鋼	800〜	略（34 頁（a）参照）
	超硬合金	1 500〜1 900	略（34 頁（b）参照）
	セラミックス	2 000〜3 000	略（35 頁（d）参照）
	cBN	4 500〜	略（35 頁（e）参照）
	ダイヤモンド	8 000〜	略（35 頁（f）参照）

【2】 式(2.30)を d について変形すると

$$g_s = 2a\frac{v}{V}\sqrt{d\left(\frac{1}{D_1}+\frac{1}{D_2}\right)}$$

$$\sqrt{d} = \frac{g_s V}{2av\sqrt{\frac{1}{D_1}+\frac{1}{D_2}}}$$

$$d = \frac{g_s^2 V^2}{4a^2 v^2\left(\frac{1}{D_1}+\frac{1}{D_2}\right)} = \frac{(10^{-3})^2 \times (1\,800 \times 10^3)^2}{4\times 3^2\times(10\times10^3)^2\left(\frac{1}{200}+\frac{1}{20}\right)}$$

$$= 0.0164 \text{ mm}$$

3 章

【1】 板厚 $t = 3$ mm，せん断長さ：$l = 40 \times \pi = 125.7$ mm，せん断抵抗：$\tau_s = 320$ MPa $= 320$ N/mm² より

$$P_m = t l \tau_s = 3 \text{ mm} \times 125.7 \text{ mm} \times 320 \text{ N/mm}^2 = 120\,672 \text{ N} = 120.7 \text{ kN}$$

【2】 初絞り：$DR = \dfrac{D_0}{d_{p1}} \longrightarrow d_{p1} = \dfrac{D_0}{DR} = \dfrac{200}{1.8} = 111$ mm

$$1\text{回目再絞り}: RDR = \frac{d_{p1}}{d_{p2}} \longrightarrow d_{p2} = \frac{d_{p1}}{RDR} = \frac{111}{1.2} = 92.5 \text{ mm}$$

$$2\text{回目再絞り}: RDR = \frac{d_{p2}}{d_{p3}} \longrightarrow d_{p3} = \frac{d_{p2}}{RDR} = \frac{92.5}{1.2} = 77.1 \text{ mm}$$

$$3\text{回目再絞り}: RDR = \frac{d_{p3}}{d_{p4}} \longrightarrow d_{p4} = \frac{d_{p3}}{RDR} = \frac{77.1}{1.2} = 64 \text{ mm}$$

より,初絞りと3回の再絞りの4工程で内径64 mm の容器を成形できる.したがって,内径70 mm の円筒容器成形に要する工程数は4工程である.

4 章

【1】 応力集中効果による機械強度の低下.切削時の被削性,振動吸収性,しゅう動特性の向上.

【2】 ダイカスト法は鋳造温度が低く高い圧力で鋳造,一つの金型で大量生産が可能である.ロストワックス法は高温の鋳造が可能で鋳込み圧力は低い.また,製品の数だけ模型が必要なため,少量多品種の生産に向く.

【3】 鉄瓶(砂型鋳物),車のアルミホイール(砂型鋳物),バイクのウインカー(ダイカスト),マンホールの蓋(砂型鋳物),下水口の枠(砂型鋳物),水道メータの蓋(砂型鋳物)

5 章

【1】 熱可塑性プラチックは,長い線状(鎖状)の分子構造を呈しており,一般的に常温では固体で,加熱すると液体に変化し,常温に戻すと固体へと戻る.一方,熱硬化性プラスチックは,分子鎖どうしが架橋した網目構造を呈しており,一般的に常温では液体で,加熱すると硬化反応を起こし固体へと変化し,いったん硬化した後は,再度加熱しても二度と液体に戻らない特性を有している.

【2】 射出成形は,複雑形状の製品を高い寸法精度を保ちつつ大量生産できるといった長所を有するものの,射出成形機や金型などの設備コストが高いという短所も同時に有する.一方,熱成形は,射出成形に比べて薄肉の製品を,低い設備コストで生産できるという長所を有する.しかし,例えば,リブ部やボス部などを有する複雑形状の製品の成形には利用できないことや,射出成形のような高い寸法精度が得られないという短所を有している.

6 章

【1】 フラックスによる遮断は,被覆アーク溶接,サブマージドアーク溶接.
　　　シールドガスによる遮断は,TIG 溶接,GMA 溶接.

【2】 正極性では,電子は溶接棒(－)から母材(＋)に向い,ガスイオンは母材か

ら溶接棒に向う。逆極性では反対になる。クリーニング効果は，ガスイオンの衝突のため逆極性の場合に生じる。また，電子が集中する正極性において深い溶込みが得られる。

【3】 定電圧電源を用いることで，アーク長の変動に対して溶接棒の溶融速度が変化する自己制御作用によりアーク長を一定に保つ。

【4】 高温割れは，溶着金属が凝固するときの収縮応力が原因で発生する。低温割れは遅れ割れともいわれ，溶融金属中に溶解した水素が原因で発生する。

【5】 表面に開口した欠陥は浸透探傷法，強磁性体で表面近傍の欠陥には磁気探傷法が適する。内部の欠陥には超音波探傷法や放射線探傷法が適する。

7 章

【1】（1）絶縁破壊　（2）アーク柱の形成　（3）加工液の気化・膨張と溶融蒸発物の除去　（4）絶縁層の再生

【2】（1）高エネルギー密度微小スポットが得られるので，従来の機械的加工法や電気的加工法では加工できない材料も容易に加工できる。
（2）光による非接触加工なので材料に大きな力が加わらない。
（3）大気中での加工はもちろんのこと，必要に応じて特殊なガス雰囲気中，液体中，真空中でも加工できる。
（4）透明体内部の加工ができる。

【3】（1）切断によって生じた加工生成物（溶融物や蒸発物）の除去
（2）酸化生成熱の利用（酸素アシストガス使用の場合）
（3）加工部周辺の冷却　（4）集光レンズの保護

8 章

【1】 成形体面積は $\pi d^2/4 = 7\,500\ \text{mm}^2$

成形荷重は $7\,500 \times 500 = 3\,750\,000\ \text{N}$

kgf に換算すると $3\,750\,000 \div 9.8 = 382\,653\ \text{kgf}$

tf に換算すると約 400 tf の能力のプレスが必要。

【2】 成形体の円周 πd は $3 \times 100 = 300\ \text{mm}$

金型との接触面積は $300 \times 10 = 3\,000\ \text{mm}^2$

取り出すための荷重は $500 \times 0.2 \times 3\,000 = 300\,000\ \text{N}$

kgf に換算すると $300\,000 \div 9.8 = 30\,612\ \text{kgf}$

約 30 tf 荷重が必要。

索引

【あ】

アキシャルレーキ	30
アシストガス	175
圧延加工	57
圧下率	62
圧下量	62
圧空成形	133
圧縮・保圧工程	121
穴あけ	32
穴あけ加工	70
穴抜き加工	70
アブレッシブ摩耗	37
粗さ	25

【い】

鋳型	94
板（材料）押え	71
鋳肌	95
インクジェット法	195
インサート・アウトサート成形	126
インジェクションブロー成形	131
インフレーション法	128
インラインスクリュー方式	121

【う】

ウェルドライン	125
打抜き加工	70
上向き削り	31

【え】

エアーリング	130
エキシマレーザ	171
液晶ポリマー	116
エポキシ樹脂	116
エレクトロスラグ溶接	151
エンジニアリングプラスチック	111
延伸	128
遠心鋳造法	96
エンドミル	30

【お】

送り運動	24
押出し加工	57
押出し機	127
押出成形	112
押出し比	65
押湯	100
温間鍛造	89
温度調節配管	123

【か】

回転成形	136
かえり	72
架橋	109
拡散摩耗	37
加工液	163
ガス圧接	153
ガスベント溝	123
可塑化・計量工程	121
型締力	122
型鍛造	89
型開き・離型工程	121
型彫り放電加工	165
型曲げ	78
可鍛鋳鉄	106
金型	59, 108
金型温度	125
加熱シリンダ	120
ガラス繊維	109

ガラス転移点	128
カレンダ成形	113

【き】

機械プレス	58
気孔	44
キーホール	181
逆極性	149, 165
逆再絞り	86
逆流防止リング	121
キャビティ	123
球状黒鉛鋳鉄	103
キュポラ	98
共押出成形	129
強制びびり	39
凝着摩耗	37
京都議定書	5
切りくず	8
切りくず厚さ	17
切込み	13, 70
切込み運動	24
亀裂型切りくず	15

【く】

クリアランス	73
クレータ摩耗	37

【け】

形状転写不良	125
結合剤	41
——の種類	44
結合度	44
結晶性プラスチック	109
ゲート	123
限界絞り比	85
研削加工	42

研磨シート	41	

【こ】

恒温鍛造	90
高温割れ	159
工具系基準方式	25
工具寿命	37
工具電極	163
工作機械	8
構成刃先	15
高速度工具鋼	34
高分子	109
高密度ポリエチレン	111
固定盤	121
コーティング工具	35

【さ】

再絞り加工	86
最小曲げ半径	80
再生びびり	41
サイドゲート	124
サーキュラダイ	128
ざく巣	100
サブマリンゲート	124
酸化	37
サンドイッチ射出成形	126
残留応力	126
残留ひずみ	126

【し】

ジェッティング	125
磁気探傷法	160
しごき加工	86
自生作用	41
下向き削り	31
自動工具交換装置	10
シート積層法	195
シートモールディングコンパウンド法	117
絞り比	85
絞り率	85
シーム溶接	152
射出圧縮成形	126
射出工程	121

射出成形	112
射出成形機	119
射出発泡成形	126
射出率	124
シャーリング	70
自由鍛造	88
樹脂	109
主分力	18
順送り金型	60
焼結成形	137
正面フライス	29
ショートショット	125
シリコーン樹脂	117
シールドガス	175
シルバーストリーク	125
自励びびり	39
しわ抑え	85
真空成形	133
浸透探傷試験	160

【す】

垂下特性	144
数値制御（NC）工作機械	10
すくい角	14
すくい面	14
スクリュー	120
ストリッパー	71
ストレッチブロー成形	131
ストレート法	133
砂型	94
スーパーエンジニアリングプラスチック	111
スプリングバック	81
スプルー	123
スポット溶接	152
スラッシュ成形	113
スローアウェイバイト	24
寸法効果	20

【せ】

正極性	150, 165
セカンドカット法	169
切削運動	24

切削温度	22
切削加工	7
切削工具	8
切削条件	8
切削熱	21
切削比	17
切削力	18
セラミックス	35
セルフバーニング	178
繊維強化プラスチック	117
せん断角	16
せん断加工	57
せん断型切りくず	15
せん断抵抗	72
せん断面	16, 72
せん断領域	14
銑鉄	98
旋盤	27
線引き	67

【そ】

走査イオン像	197
組織	44
塑性	56
そり変形	125

【た】

ダイ	108
耐衝撃性ポリスチレン	112
ダイスウェル	128
ダイヤモンド	35
ダイリップ	127
ダイレクトブロー成形	131
多色・異材射出成形機	119
タップ加工	32
ターニングセンタ	28
タブレット	136
タルク	111
だれ	72
単型	60
炭酸ガスアーク溶接	151
単軸押出し機	127
弾性	56
鍛造加工	57

炭素繊維	111	
炭素当量	101	

【ち】

チタンサファイアレーザ		171
縮みフランジ成形		79
中立面		80
超音波振動切削		50
超音波探傷試験		161
超硬合金		11, 12, 34
超仕上げ		49
直圧式		122
直接再絞り		86

【つ】

ツルーイング	43

【て】

低温割れ	159
抵抗溶接	152
低周波誘導電気炉	98
ディスクゲート	124
定電圧特性	144
低密度ポリエチレン	111
デューティファクタ	166
電子ビーム溶接	153

【と】

砥石	41
砥石の3構成要素	44
トグル式	122
トラバース研削	47
トランスファー金型	61
トランスファー成形	116
砥粒	41, 44
砥粒加工	7
ドレッシング	43
ドレープ法	133

【な】

内面研削	48
流れ型切りくず	15

【に】

逃げ角	14
逃げ面	14
逃げ面（フランク）摩耗	37
二軸延伸フィルム	129
二軸押出し機	127
二次元切削	13

【ね】

ねずみ鋳鉄	100
熱影響層	172
熱影響部	154
熱可塑性プラスチック	109
熱間静水圧成形	188
熱硬化性プラスチック	109
熱サイクル	154
熱成形	113
熱的ピンチ効果	141
粘結剤	94
粘度	125

【の】

伸びフランジ加工	82
伸びフランジ成形	79

【は】

配向	128
バイト	24
背分力	18
爆発圧接	153
パス	62
パススケジュール	62
破断面	72
バックレーキ	25
刃物角	14
ばり	125
パリソン	131
張出し加工	82
バルクモールディングコンパウンド法	117
パレル	127
はんだ付け	154
半導体レーザ	171

反応射出成形	116
汎用ポリスチレン	112

【ひ】

光吸収率	174
引抜き加工	57
ひけ	125
引け巣	100
非晶性プラスチック	109
比切削抵抗	19
非破壊試験	160
びびり	39
被覆ダイ	130
ビームモード	173
冷し金	100
ピンポイントゲート	124

【ふ】

ファイバレーザ	171
ファンゲート	124
フィラメントワインディング法	116
フィルム	112
フィルムゲート	124
フィルム・シート成形	128
フェノール樹脂	116
深絞り加工	57
賦形	130
縁取り	71
不飽和ポリエステル	117
フライス	29
プラウニング	44
プランジ研削	47
ブルーレイディスク	199
ブロー成形	112
フローマーク	125
分子	109
分子構造	109
分断	70
粉末加圧成形	137
粉末焼結法	194
粉末成形	136

索　引

【へ】

平面加工	28
平面研削	48
ペレット	120

【ほ】

保圧時間	124
ボイド	125
紡糸	130
放射線探傷試験	161
放電加工	163
放電プラズマ焼結法	190
母材	154
保持圧力	124
ボス	133
ポット	136
ホッパ	120
ホーニング	50
ポリアセタール	115
ポリアミド	115
ポリイミド	116
ポリウレタン	117
ポリエチレン	111
ポリエチレンテレフタレート	115
ポリ塩化ビニル	113
ポリカーボネート	114
ポリスチレン	112
ポリプロピレン	112
ボンド	154

【ま】

マイカ	111
巻付け曲げ	79
曲げ加工	57
摩擦圧接	153
摩擦領域	14
マンドレル	130

【む】

むしり型切りくず	15

【め】

メタクリル樹脂	113

【や】

焼け	125

【ゆ】

油圧プレス	58
融点	128
遊離砥粒	41

【よ】

溶接金属	154
溶接入熱	143
溶融樹脂押出法	195

【ら】

ラジアルレーキ	30
ラッピング	50
ラミネートフィルム	112
ランナー	123

【り】

立方晶窒化ホウ素	12, 35
リードフレーム	136
リブ	133
リーマ加工	32
粒度	44

【れ】

冷間静水圧成形	188
冷間鍛造	89
冷却工程	121
冷却時間	125
レーザ	171
レーザ穴あけ	176
レーザ切断	177
レーザ表面改質	184
レーザ溶接	153, 180
レジントランスファモールディング法	117

【ろ】

ろう付け	153
ロストワックス法	96
ロール成形	79
ロール曲げ	79

【わ】

ワイヤ電極	165
ワイヤ放電加工	165

ABS樹脂	114
A砥粒	42
CAE	125
CNC工作機械	10
CO_2レーザ	171
C砥粒	42
GC砥粒	43
LIGA	196
Merchantの第一切削方程式	21
Merchantの第二切削方程式	21
MIG溶接	151
Taylorの寿命方程式	38
Tダイ	128
WA砥粒	42
YAGレーザ	171

生産加工入門
Fundamentals in Production Processing
© Koga, Jin, Takeuchi, Noguchi, Matsuno, Miyazawa, Murata 2009

2009 年 10 月 16 日　初版第 1 刷発行
2024 年 2 月 15 日　初版第13刷発行

検印省略	著　者	古　閑　伸　裕
		神　　　雅　彦
		竹　内　貞　雄
		野　口　裕　之
		松　野　建　一
		宮　澤　　　肇
		村　田　泰　彦
	発行者	株式会社　コロナ社
	代表者	牛来真也
	印刷所	壮光舎印刷株式会社
	製本所	株式会社　グリーン

112-0011　東京都文京区千石 4-46-10
発 行 所　株式会社　コロナ社
CORONA PUBLISHING CO., LTD.
Tokyo Japan

振替 00140-8-14844・電話(03)3941-3131(代)
ホームページ　https://www.coronasha.co.jp

ISBN 978-4-339-04601-4　C3053　Printed in Japan　　　（高橋）

JCOPY ＜出版者著作権管理機構　委託出版物＞
本書の無断複製は著作権法上での例外を除き禁じられています。複製される場合は、そのつど事前に、出版者著作権管理機構（電話 03-5244-5088，FAX 03-5244-5089，e-mail: info@jcopy.or.jp）の許諾を得てください。

本書のコピー、スキャン、デジタル化等の無断複製・転載は著作権法上での例外を除き禁じられています。購入者以外の第三者による本書の電子データ化および電子書籍化は、いかなる場合も認めていません。
落丁・乱丁はお取替えいたします。